黑龙江省优秀学术著作

"十三五"国家重点出版物出版规划项目

现代土木工程精品系列图书

型钢轻骨料混凝土黏结滑移性能及应用研究

张建文　著

哈尔滨工业大学出版社

内 容 简 介

本书系统地介绍了型钢轻骨料混凝土（SRLC）黏结滑移性能的机理及受弯构件承载力的计算和相关工程应用成果。全书共 7 章，主要包括绪论、试验研究、黏结强度、黏结滑移本构关系、数值模拟分析、基于黏结滑移的型钢轻骨料混凝土梁承载力、结论和展望等内容。目前，关于型钢轻骨料混凝土构件在黏结滑移情况下的受力性能方面的研究较少，本书针对型钢轻骨料混凝土的黏结滑移性能对 SRLC 梁的抗弯和抗剪承载力进行了理论和数值分析，提出了型钢轻骨料混凝土黏结性能的相关参数和 SRLC 梁的承载力计算公式，丰富和补充了轻骨料混凝土设计规程中黏结机理和 SRLC 梁承载力计算方面的内容。

本书可供建筑与土木工程专业从事混凝土结构设计、施工、科研、工程管理等人员及高等院校相关专业师生参考。

图书在版编目（CIP）数据

型钢轻骨料混凝土黏结滑移性能及应用研究/张建
文著. —哈尔滨：哈尔滨工业大学出版社，2021.3
 ISBN 978-7-5603-8548-8

 Ⅰ. ①型… Ⅱ. ①张… Ⅲ. ①型钢-钢筋混凝土-轻
集料混凝土-粘结性-滑移线场（力学）-研究 Ⅳ.
①TU375.01

中国版本图书馆 CIP 数据核字（2019）第 229476 号

策划编辑　王桂芝
责任编辑　李长波　谢晓彤
出版发行　哈尔滨工业大学出版社
社　　址　哈尔滨市南岗区复华四道街 10 号　邮编 150006
传　　真　0451-86414749
网　　址　http://hitpress.hit.edu.cn
印　　刷　哈尔滨圣铂印刷有限公司
开　　本　720mm×1000mm　1/16　印张 10.75　字数 226 千字
版　　次　2021 年 3 月第 1 版　2021 年 3 月第 1 次印刷
书　　号　ISBN 978-7-5603-8548-8
定　　价　58.00 元

（如因印装质量问题影响阅读，我社负责调换）

前　言

　　型钢轻骨料混凝土（SRLC）结构是一种新型结构形式，在高层、大跨结构中有广阔的应用前景。黏结滑移问题是混凝土（RC）结构的基本问题，型钢轻骨料混凝土结构中同样存在这个问题。SRLC 结构构件的设计需要考虑黏结滑移的影响，目前国内外对此开展的研究较少，同时 SRLC 结构构件的设计也没有相应的标准可以参考。因此，有必要开展 SRLC 结构构件黏结滑移性能的研究，并把黏结滑移的影响引入到 SRLC 结构构件的设计中。

　　本书采用试验研究和理论分析相结合的方法对 SRLC 结构构件的黏结滑移性能进行研究，提出了 SRLC 的黏结强度、黏结滑移本构关系模型。通过引入局部黏结滑移本构关系，对推出试验和 SRLC 梁进行了有限元分析。最后，在黏结滑移分析的基础上提出了 SRLC 梁正截面抗弯和斜截面抗剪承载力计算公式，该公式具有足够的精度，可供工程设计人员参考。本书主要研究内容和成果如下。

　　通过推出试验研究了 SRLC 的黏结滑移性能。试验中考虑了混凝土强度、保护层厚度、配箍率、型钢埋置长度、剪力连接件等因素的影响，并制作了三组型钢混凝土（SRC）对比试件。试验考察了试件破坏形态、型钢应变和混凝土应变沿锚长分布规律及加载端和自由端的滑移。根据试验结果，统计回归了特征黏结强度、特征滑移值计算公式。研究结果表明，型钢埋置长度与型钢截面高度的比值和轻骨料混凝土强度对黏结强度影响较显著；剪力连接件的设置降低了黏结强度，设计中应单独考虑自然黏结强度或剪力连接件传递剪力，不能对二者进行叠加；型钢轻骨料混凝土相对于型钢混凝土有较小的黏结强度和较陡的荷载滑移下降段。

　　由型钢微段受力平衡推导出型钢局部黏结应力，并拟合了黏结应力沿锚长分布的负指数函数曲线。基于翼缘局部最大黏结应力约为腹板的 1.5 倍，不能忽略腹板对黏结力的贡献，给出了局部最大黏结应力表达式。从黏结机理和正交分析两个角度探讨了平均极限黏结强度的影响因素，可知相对锚固长度对黏结强度影响最大，配箍率和混凝土强度其次。基于所得平均黏结强度，推导出临界锚固长度表达式。临界锚固长度计算中提出了临界锚固长度系数，当混凝土保护层厚度、配箍率和混凝土强度不变时，不同型号工字钢临界锚固长度系数取值趋于一致，临界锚固长度系数的引入可用于计算锚固长度的上限值，并对影响临界锚固长度的因素进行了分析，提出了锚固长度的合理取值范围。

根据平均黏结应力和加载端滑移建立了劈裂破坏和推出破坏的黏结滑移基本本构关系模型，该模型和试验曲线吻合较好，能从宏观上反映平均黏结应力和滑移的关系。通过型钢和对应位置处混凝土的实测应变，由改进法获得了局部滑移沿锚固长度分布的试验曲线，对该曲线进行了负指数函数拟合。基于弹性理论，推导了局部滑移沿锚长分布的理论曲线，给出了各级荷载下加载端滑移计算值，试验结果表明局部滑移理论值相对试验值偏大。在局部黏结应力和局部滑移沿锚长分布规律的研究基础上，给出了位置函数，确定了随位置变化的黏结滑移本构关系。该本构关系适用于滑移较小的情况，即滑移发生在黏结滑移曲线的上升段。由于加载端附近点的黏结应力经历了一个从上升段到下降段的完整发展过程，据此建立了局部黏结应力滑移本构关系。由理论分析给出了加载端滑移和荷载之间的关系，计算了理论极限荷载。理论极限荷载比试验值小，可用作极限荷载的下限。极限黏结强度下的极限荷载与试验值之比为 1.06，可对自然黏结力进行估算。

结合国内外几种轻骨料混凝土应力-应变关系方程，推导了分段式应力-应变关系表达式。上升段采用二次函数，下降段采用有理分式，方程中唯一常数 B 可由关键点坐标确定。该方程形式简单，下降段有明显的拐点和收敛点，可用于非线性有限元分析。通过引入轻骨料混凝土应力-应变关系和局部黏结滑移本构关系，对推出试验进行了 ANSYS 模拟。有限元模拟结果表明，型钢应力分布、裂缝形态、荷载-滑移曲线与试验结果吻合较好。用上述方法对不同剪跨比的 SRLC 梁进行了 ANSYS 分析，分析结果表明，SRLC 梁的破坏形态、裂缝形态和 SRC 梁相似；计算承载力与试验值之比为 98.7%；荷载-挠度曲线与试验曲线吻合较好。

考虑型钢与混凝土的黏结作用，提出了用于正截面抗弯承载力计算的改进叠加法和斜截面抗剪承载力预测模型，和试验结果进行对比表明，上述方法不仅适用于 SRLC 梁，也适用于 SRC 梁，且能较好地预测试验结果。在斜截面抗剪承载力计算中考虑了可能发生的剪切黏结破坏，推导了型钢翼缘临界宽度比计算公式，对其影响因素进行了分析。经验证，型钢翼缘临界宽度比可用于判别剪切破坏类型，从而对斜截面抗剪承载力进行预估。

本书可供建筑与土木工程专业从事混凝土结构设计、施工、科研、工程管理等人员及高等院校相关专业师生参考。

由于作者水平有限，书中难免存在疏漏与不足之处，恳请读者批评指正。

作　者

2021 年 1 月

目　　录

第1章 绪 论

在土木工程领域内，钢材和混凝土的组合结构被广泛地应用于房屋结构、海洋工程、道路桥梁等土木工程。近代的组合结构和混合结构是利用了结构力学、材料力学等工程力学的新理论，在研究了结构的使用性能、耐久性、经济性等基础上开发出的新型结构形式。组合结构和混合结构不仅与土木建设相关，还被广泛地应用于船舶、飞机和容器等领域。虽然在各方面的使用目的不同，其细部构造和使用材料存在许多差异，但是，组合结构在其他领域的发展对促进其在土木领域的发展是十分有利的。

组合结构有各种各样的定义，但是，至少应使用两种以上的材料，且不包括只单独发挥各自作用的、单纯重叠的或单独承载的形式，材料之间必须能以某种形式传递荷载和力。土木用复合结构的定义见表1.1。

表 1.1 土木用复合结构的定义

分类	定义
（1）组合结构 Composite Structures	组合异种材料构成结构构件，并作为完整整体而发挥作用
（A）组合梁 Composite Beam or Girder	在钢梁上放置 RC 板之后，用连接件将两者组合为一体的梁
（B）埋置型钢（或 SRC）梁 Concrete Encased Steel Beam	在钢筋混凝土中埋置型钢或焊接工字钢，使之作为一体而发挥作用的梁
（C）组合（或 SRC）柱 Concrete Encased Steel Column	在钢筋混凝土中埋置型钢作为一体发挥作用的柱
（D）钢管混凝土柱 Concrete-Filled Tubular Steel Column	在钢管或矩形断面钢柱中填充混凝土的柱
（E）组合墙 Composite Wall	用混凝土浇筑、含有预埋钢柱的墙体结构（堤和基础等）
（F）组合板 Composite Slab	在混凝土中埋置钢板的组合板，在箱形断面钢板内填充混凝土的板（主要用于桥梁）
（G）组合薄壳 Composite Shell	由曲面钢板和混凝土组成的结构
（2）混合结构 Mixed Structural System	组合异种材料构成构件的结构系统，有连续梁、框架桥、斜拉桥等多种结构形式

表 1.1 中复合结构大致上分为组合结构和混合结构，是按工程结构来进行分类的。通常将在钢筋混凝土中埋置型钢的组合结构称为 SRC（Steel Reinforced Concrete）结构。

1.1 型钢混凝土结构在国内外的应用概况和特性

1.1.1 型钢混凝土结构在国内外的应用概况

由混凝土包裹型钢做成的结构称为型钢混凝土结构，它的特征是在型钢结构的外面有一层混凝土的外壳。外包钢结构和钢管混凝土结构的钢材是外露的，而型钢混凝土的钢材则全部包在混凝土的内部。这种结构在各国有不同的名称，在英、美等西方国家称为混凝土包钢结构（Steel Encased Concrete），在日本称为钢骨混凝土结构，在苏联则称为劲性钢筋混凝土。我国也曾采用劲性钢筋混凝土这个名称。

型钢混凝土中的型钢除采用轧制型钢外，还广泛使用焊接型钢，此外还配合使用钢筋和钢箍。因此，型钢混凝土可以做成品种繁多的构件，更能组成多种结构，它可以代替钢筋混凝土结构和钢结构应用于工业与民用建筑之中。型钢可以分为实腹式和空腹式两大类。实腹式型钢可由型钢或钢板焊成，常用的截面形式有工字型、口字型和十字型截面，如图 1.1 所示；空腹式构件的型钢一般由缀板和缀条连接角钢或槽钢面组成。空腹式型钢比较节省材料，在日本和苏联都曾大量使用，在我国现阶段有一定的推广价值，但是它的制作费用较高。实腹式型钢制作简便，承载能力大。实腹式型钢混凝土构件具有较好的抗震性能，而空腹式型钢混凝土构件的抗震性能与普通钢筋混凝土构件基本相同，在日本阪神地震中，空腹式型钢混凝土结构被破坏的事例较多，因此，目前在抗震结构中多采用实腹式型钢混凝土构件。近年来，在日本和西方国家普遍采用的也是实腹式型钢。

（a）常用的实腹式型钢混凝土梁截面　　　　（b）常用的实腹式型钢混凝土柱截面

图 1.1　常用的实腹式型钢混凝土构件截面

型钢混凝土构件可适用于全部采用型钢混凝土的型钢混凝土结构，也可适用于与其他类型的抗侧力结构组成的混合结构中，而且不论什么结构体系，如框架、剪力墙、框架-剪力墙、框架-核心筒、框架-支撑、筒中筒、巨型框架等，其中的梁、柱、墙等构件均可采用型钢混凝土构件。在多数情况下，高层建筑中只在少数层或局部区域中采用型钢混凝土构件。结构可自下而上采用不同的材料，如混凝土→型钢混凝土→钢，或型钢混凝土→混凝土等，即可在不同的抗侧力单元中分别采用型钢混凝土、钢或钢筋混凝土结构，也可在同一抗侧力结构中梁、柱或墙分别采用不同的材料，如图 1.2 所示。型钢混凝土应用于高层建筑时必须注意结构布置规则，刚度均匀，传力直接、明确，施工方便。

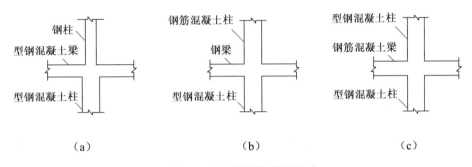

图 1.2　不同类型构件的组合

　　型钢混凝土结构在西方国家的应用虽不及日本那样广泛，但西方国家应用型钢混凝土结构从 21 世纪初就开始了。1908 年 Burr 做了空腹式型钢混凝土柱的试验，发现混凝土外壳可以使柱的强度显著提高。1923 年加拿大开始做空腹式型钢混凝土梁的试验，随后英国、美国和其他西方国家也做了试验。苏联人对于型钢混凝土的研究和应用也相当重视，在第二次世界大战后的恢复工作中，曾大量使用型钢混凝土结构于工业厂房。

　　我国在 20 世纪 50 年代就从苏联引进了劲性钢筋混凝土结构，如包头电厂的主厂房和鞍山钢铁公司的混铁炉基础都是由苏联设计、我国施工建成的型钢混凝土结构。后来，我国设计人员也按照苏联规范设计了型钢混凝土结构，如郑州铝厂的蒸发车间。20 世纪 60 年代以后，由于片面强调节约钢材，型钢混凝土结构难以推广应用。20 世纪 80 年代以后，我国推行对外开放、对内改革的政策，型钢混凝土结构又一次在我国兴起。我国也兴建了自己设计、自己施工的型钢混凝土结构的建筑物。但总体来说，型钢混凝土结构在我国的应用才刚刚开始，其建筑面积还不到总建筑面积的千分之一。近年来，我国高层建筑迅速发展，需要多种结构类型及形式以满足建筑高度、功能、结构抗震、节约材料及降低造价等多方面要求。型钢混凝土构件可应用于多高层建筑及一般构筑物中，我国目前主要应用于高层建筑中。我国科技工作者对型钢混凝土结构的研究在 20 世纪 80 年代中期已经开始，《钢骨混凝土结构设计规程》（YB 9082—97）已由冶金工业出版社出版，于 1998 年 5 月 1 日发布并正式实施。

　　目前，国内外关于 SRC 结构中的型钢与混凝土之间的黏结性能研究尚少，对黏结应力分布和取值、混凝土保护层厚度等问题都没能有效解决，特别是关于 SRC 构件的黏结劈裂破坏会明显影响 SRC 构件承载力和耐久性的问题,还需要在这一方面进行深入研究。另外,对于下部采用型钢混凝土、上部采用钢筋混凝土的框架柱,为保证内力传递平稳可靠,需在过渡层的型钢翼缘上设置栓钉。关于栓钉的传力机制和计算方法,目前研究很少。SRC 构件及其节点构造的研究在我国刚起步不久,至今还没有 SRC 构件、RC 构件及钢构件连接部的细部构造的标准和指南,今后应加快开展与其相关问题的研究。

1.1.2 型钢混凝土(SRC)结构的特性

SRC 结构具有与纯钢结构和纯钢筋混凝土结构不同的特性,现采用比较的方法对它的优缺点阐述如下。

1. 相对于 RC 结构的优点

(1)韧性大,因此至破坏前具有吸收能量大和抗震性能好等优点。

(2)在同一大小的断面内,所需钢材量少。

(3)型钢是施工的基础,可采用逆施工方法。

(4)能采用较小的断面得到与 RC 结构同等的强度,因此质量较轻。

2. 相对于 RC 结构的缺点

(1)浇灌混凝土困难。

(2)由于多了钢构件的制造及安装,施工工序增加。

(3)由于型钢部分的单价高,因此结构本身的造价较贵。

3. 相对于钢结构的优点

(1)外包混凝土增加了结构的耐久性和耐火性。

(2)型钢混凝土构件的外包混凝土可以防止钢构件局部屈曲,提高构件的整体刚度,显著改善钢构件平面外扭转屈曲性能,使钢材的强度得以充分发挥。

(3)采用型钢混凝土结构一般比纯钢结构节约 50%以上钢材。

(4)型钢混凝土结构比钢结构具有更大的阻尼,有利于控制结构的变形和振动。

4. 相对于钢结构的缺点

(1)施工复杂,工期长。

(2)自重大。

型钢混凝土构件中,型钢与混凝土能否共同工作是构件设计理论的基础。试验表明,当型钢翼缘位于截面受压区,且配置一定数量的钢筋和型钢时,型钢与外包混凝土能保持较好的协同工作,截面应变分布基本上符合平截面假定。但是,试验也表明,除了要设置足够的箍筋以约束混凝土,增加其黏结力外,在某些内力传递较大的部位,如柱脚、构件类型转换部位等,还要设置栓钉,以防止型钢与混凝土之间的滑移。

由于 SRC 结构具有以上特性,因此要经过综合分析,确认采用 SRC 结构有利时再使用它。但是近年来,建设新项目的条件更为苛刻,因此使用 SRC 结构的实例越来越多,其种类和范围也越来越广。

1.2 型钢轻骨料混凝土的特性及应用

1.2.1 型钢轻骨料混凝土的特性

用轻粗骨料、轻细骨料(或普通砂)、水泥和水配制而成且其干容重不大于 19 kN/m³ 的混凝土称为轻骨料混凝土。轻骨料混凝土主要有页岩陶粒混凝土、粉煤灰陶粒混凝土、黏土陶粒混凝土、自然煤矸石混凝土及火山渣(浮石)混凝土。我国《轻骨料混凝土应用技术标准》(JGJ/T 12—2019)规定了轻骨料混凝土的强度等级有 LC15、LC20、LC25、…、LC55 和 LC60 共 10 个等级,LC40~LC60 为高强轻骨料混凝土,有的国外标准将轻骨料混凝土的强度等级定到 LC80 级。轻骨料混凝土具有强度高、自重轻、环保节能、抗震性能好、耐久性良好等优点,在高层、大跨结构应用中充分显示了其优越的性能。目前,世界轻骨料混凝土年产量在 1.5 亿 m³ 以上,其中约 3/4 为人造骨料,天然骨料仅占 1/4。

1.2.2 型钢轻骨料混凝土的应用

国外采用轻骨料混凝土(LWAC)建造高层建筑已有半个多世纪的历史,美国、日本、欧洲各国等都有成功的典范。如美国的休斯敦大厦、纽约世贸中心(钢板-轻骨料混凝土组合结构),日本的神户商业中心大厦、横滨亮马大厦,南非的约翰内斯堡银行大厦更是充分利用了 LWAC 轻质的特点,实现了悬挑建筑的设计典范。我国利用 LWAC 在天津、上海等地成功建造了高层住宅和大跨径桥梁。

美国国家公路安全管理局曾对 LWAC 和普通混凝土建造的不同结构形式、不同跨度桥梁的经济性进行研究。研究表明,无论采用哪种类型的桥梁,都可大大降低恒载在总荷载中的比例,明显降低用钢量、缩短工期,取得显著的技术经济效益。表 1.2 为 5 种不同结构形式的桥梁改用 LWAC 后比普通混凝土可节约的结构钢、预应力筋或缆索钢的平均用量。

表 1.2 不同结构形式 LWAC 桥梁降低的用钢量 %

结构形式	结构钢	预应力筋	缆索钢
双跨等截面单孔箱梁	—	16.6	—
钢板桥梁	13.7	—	—
有复合桥面的 AASHTO 工字钢	—	18.4	—
变截面非等高拱形悬臂箱梁	—	21.4	—
斜拉桥	—	—	13.5

型钢混凝土（SRC）结构具有承载力高、刚度大、延性和耗能性能良好等优点，在地震区、超高层建筑和大跨结构中采用 SRC 结构更具优越性。SRC 结构在欧美国家应用广泛，可分为实腹式型钢混凝土和空腹式型钢混凝土两大类，目前抗震设计中多采用实腹式型钢混凝土。

型钢轻骨料混凝土（SRLC）结构是将型钢配置于轻骨料混凝土中的一种组合结构形式，将型钢和轻骨料混凝土结合起来共同发挥二者的优势是非常有意义的。目前国内外对 SRC 和 LWAC 进行了很多研究，有相应的规范和规程可以采用，但是关于型钢轻骨料混凝土的研究才刚刚起步，没有相应的规程可指导工程人员。根据优生学观点：优生学的目标在于结合不同的个体以产生更优良的下一代或新品种，其主要做法是经由撷取被结合者各自的优点，让优点尽可能地充分发挥出来，并借以弥补原本个体的缺点。轻骨料混凝土结构具有较高的抗压强度，抗拉强度较低，如果经过合理设计配之以延性较好、强度较高的型钢和钢筋，则可以构造出 LWAC 和 SRC "结婚" 之后所生的 "优生宝宝"，使二者能够扬长避短，共同发挥优势。经合理设计的型钢轻骨料混凝土将集合 LWAC 和 SRC 的优点，满足轻质、高强、建筑节能的要求，更加适合高层、大跨结构，以及对抗震要求较高的结构中，具有更加显著的技术经济效益和广阔的应用前景。

1.3 实际工程中的黏结滑移问题和研究现状

钢筋混凝土结构中的黏结力是指沿钢筋纵向在钢筋和混凝土表面上存在的作用力。在直筋和钢绞线锚固端、钢筋的搭接接头、裂缝附近等位置处钢筋中的力需要由黏结力或黏结构造措施传递到混凝土中，因此构件开裂、裂缝宽度、变形、结构承载力、地震作用下结构吸收和耗散能量的大小都直接或间接与黏结有关。同时由于黏结问题的重要性，工程规范为了保证结构构件具有足够的黏结强度和性能做了很多具体的要求和规定，例如锚固长度、搭接长度、箍筋要求等方面的构造措施。

同样，型钢和混凝土之间也存在黏结作用和黏结问题。型钢混凝土结构中最需要黏结力的部位有两个：一个是梁柱节点，另一个是框架柱基和剪力墙纵向边缘加强部位柱基，如图 1.3 和图 1.4 所示。

图 1.3 中，在梁柱节点处轴向力需竖向连续地传递到 SRC 柱中。为了使板和梁上的荷载直接传入型钢，结构中的水平构件总是用和钢结构相似的方式连接在 SRC 柱上，型钢和混凝土之间力的传递就是靠型钢与混凝土的自然黏结力或机械锚固措施实现的，此时需要的黏结力是很大的。

图 1.4 中，SRC 柱基也是对黏结力需求最大的部位，该部位必须在有限的长度范围内把全部的拉力传递到基础中。

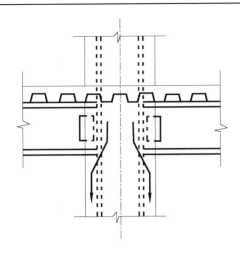

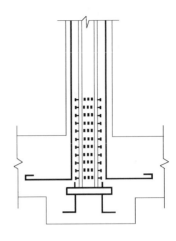

图 1.3 典型组合梁和 SRC 柱节点传力示意图 图 1.4 SRC 柱基锚固示意图

从图中可看出，当自然黏结力小于所需的黏结力时，可以采取一些提高黏结力的措施或采用剪力连接件。

1.3.1 型钢混凝土黏结滑移性能研究现状

黏结滑移问题是混凝土结构的基本问题。在混凝土技术发展历程中，黏结滑移问题的主要研究方法是试验。这些试验在不同试件、不同加载条件、不同锚固长度、不同箍筋约束、不同试验方法等因素下确定了影响黏结强度、黏结滑移本构关系的参数，根据这些试验研究成果，提出了黏结滑移本构关系模型，探讨了黏结机理。由于高强、新型材料、新型结构形式的出现，工程技术人员需要对黏结滑移问题重新认识。

目前，关于型钢和轻骨料混凝土之间黏结滑移性能研究的文献较少，可借鉴已开展了一些研究工作的型钢与普通混凝土之间黏结滑移性能的文献资料及比较成熟的钢筋混凝土黏结性能的成果，来指导型钢轻骨料混凝土黏结滑移性能的研究，这是一种可行的研究方法。国内外研究人员对钢筋和混凝土间的黏结性能进行了深入研究，得出了一系列黏结滑移机理、影响因素、黏结滑移特征值的结论，但它不能完全适用于型钢混凝土结构中。与变形钢筋相比，变形钢筋表面突出的肋为阻止黏结滑移的发生提供了足够的机械咬合力；与光圆钢筋相比，型钢的表面积与横截面的比值比光圆钢筋大得多，由于其特殊的截面形状，降低了型钢与混凝土表面的黏结强度，而且使其表面的黏结应力分布更加复杂。因此，型钢混凝土的黏结性能有其独特性。

1.3.2 型钢混凝土结构和构件计算理论

由于各国对型钢混凝土结构和构件中黏结滑移的考虑不同，采用了不同的设计计算方法。《苏联劲性钢筋混凝土结构设计指南》（СИ3—78）认为型钢混凝土结构从加载到破坏能够完全共同工作，忽略了加载后期明显的黏结滑移现象；日本《钢骨钢筋混凝土结构计算标准及解说》不考虑型钢与混凝土共同工作，采用叠加法的计算方法；我国《钢骨混凝土结构设计规程》（YB 9082—97）类似于日本规范，新颁布的行业标准《组合结构设计规范》（JGJ 138—2016）则考虑了型钢与混凝土的共同工作，并用钢筋混凝土的公式计算承载力；欧美国家主要采用以试验和数值分析为基础的经验公式。

1.3.3 型钢与混凝土之间的黏结性能

日本的坪井善腾等在1950年采用冷拔试验对型钢和混凝土之间的黏结强度进行了研究。试验中考虑了混凝土强度、混凝土保护层厚度、横向配箍率和纵向钢筋数量等 4 个因素，得出了型钢、混凝土间黏结强度低的结论，并建议在《钢骨钢筋混凝土结构计算标准及解说》中不考虑型钢混凝土的黏结作用。

西北建筑工程学院的李红通过 17 个不同类型的 4 组钢板拉拔梁式试验，考虑了混凝土强度等级、混凝土保护层厚度、横向配箍率和纵向配钢率 4 个因素对黏结强度的影响，得出了试件的黏结锚固特征强度和特征滑移值，通过位置函数、黏结滑移基本形式建立了黏结滑移的本构关系，得出钢板与混凝土的黏结强度较小，相当于光圆钢筋的 60% 和螺纹钢筋的 30% 的结论。

Bryson 最早采用推出试验研究了型钢表面情况对型钢混凝土黏结强度的影响。试验结果表明，现场喷砂和喷砂后生赤锈两种型钢表面的平均黏结强度接近，但比普通锈蚀的型钢表面的平均黏结强度高 30% 左右。

Roeder 进行的型钢混凝土压入试验，考虑了黏结应力沿型钢锚固长度方向的变化，并在试验中通过在型钢翼缘密布电阻应变片的方法，得出了黏结应力的分布规律，提出了型钢混凝土黏结主要由翼缘与混凝土的黏结贡献，得到了典型的型钢混凝土黏结滑移关系曲线，给出了翼缘与混凝土接触面积平均的局部最大黏结强度与混凝土圆柱体抗压强度的关系式。为考察型钢混凝土在往复力作用下的黏结滑移性能，Roeder 对两个自由端已经发生滑移的试件进行重复加载试验，试验表明，重复加载的黏结强度比首次加载时要低 28%～45%。

西安建筑科技大学的郑山锁依据正交试验原理，考虑了混凝土强度等级、混凝土保护层厚度、型钢锚固长度和横向配箍率 4 个因素，设计了 16 个试件；另外，为了考察型钢翼缘内、外侧和腹板表面各自的黏结应力大小及分布规律，增设了隔离腹板和翼缘内侧及仅隔离腹板的对比试件各 2 个，共计 20 个试件。在型钢翼缘内、外侧和腹板处沿纵向由密到疏布置了应变片和滑移传感器，在试件的加载端和自由端布置了电子百分表，给出了沿锚固长度方向黏结应力和滑移量的分布规律，分析了影响黏结滑移性能的主要因素，给出了局部最大黏结强度、平均黏结强度和混凝土立方体抗压强度的关系表达式。相关文献都得出了型钢混凝土黏结强度和混凝土强度有直接关系的结论，其他的有关外包钢与混凝土间黏结性能、钢管与混凝土间黏结性能、钢筋与混凝土间黏结性能的试验研究也均表明，黏结强度与混凝土的强度有密切关系。但是，文献[75]通过统计有关试验研究成果，得到混凝土强度对型钢与混凝土间黏结强度无明显影响的结果；同时指出混凝土保护层厚度越厚，对型钢的约束作用越强，黏结强度越高，但保护层厚度超过一定数值后，对黏结强度的提高很小；并且根据混凝土板的冲切破坏理论，提出了确定临界保护层厚度的方法，但是该方法还有待进一步试验验证。文献[75]从弹性力学角度推导了沿型钢混凝土锚固长度方向的黏结应力与相对滑移之间的本构关系，建立了型钢混凝土局部黏结破坏和整体黏结破坏极限荷载的计算公式，但其建立的黏结滑移本构关系模型过于复杂，且有一些参数还未确定，不能直接应用。

肖季秋等对 9 个推出试件进行推出试验，分析了影响型钢黏结强度的几个因素，同时综合试验所得到的型钢混凝土黏结滑移曲线，给出了黏结滑移数学表达式。该表达式从宏观上反映了平均黏结应力与加载端滑移的关系，但没有考虑沿试件全长黏结应力分布的不均匀性和型钢翼缘、腹板等处黏结应力分布的不均匀性。

浙江大学的金伟良根据拔出试验结果研究了钢筋与混凝土间黏结应力和滑移的关系，推导了沿构件全长钢筋与混凝土间黏结应力的表达式。

刘灿等根据推出试验研究了混凝土强度等因素对黏结性能的影响，分析了型钢混凝土黏结滑移本构关系，得出了型钢黏结应力沿锚固长度方向呈指数分布的结论，并给出了本构数学模型。

西安建筑科技大学的杨勇采用型钢混凝土推出试验对 16 个标准试件进行了基准黏结滑移本构关系和考虑黏结滑移情况下的 ANSYS 模拟方法的研究。试验中考虑了混凝土强度、保护层厚度、型钢埋置长度及横向配箍率 4 个主要影响因素对黏结性能的影响，建立了型钢混凝土特征黏结强度、特征滑移的统计回归计算公式，并提出了分段建立的型钢混凝土黏结滑移本构关系数学模型。该数学模型考虑了 2 个位置函数的设定，不但反映了沿构件全长黏结应力的分布状况，同时也反映了型钢截面各部位黏结应力的分布状况，更全面地表达了型钢混凝土黏结应力分布的不均匀性，但是其位置函数太复杂，应用不方便。其文献重点介绍了型钢混凝土结构 ANSYS 数值模拟的建模技术和方法，并介绍了采用非线性弹簧单元和推导的黏结滑移本构关系对型钢混凝土结构黏结滑移性能进行模拟的实用方法。在型钢混凝土有限元分析中，为考虑型钢与混凝土之间存在黏结滑移现象，须在二者间引入连接单元。无论采用哪种连接单元，都需要建立合理的黏结滑移本构关系和黏结破坏强度准则，这是型钢混凝土有限元分析的重点。

华中科技大学的张仲先通过 19 个试件在不同的角钢、不同的埋深、不同的辅助锚固措施等条件下一系列的抗拔破坏试验，研究了在轴拉荷载作用下角钢与混凝土之间黏结应力的分布情况，分析了角钢与混凝土之间的黏结性能，得出了有辅助锚固的试件发生角钢拉断，无辅助锚固的试件发生角钢被拔出的结论，提出了角钢与 C15 混凝土的最小锚固长度。剪切连接件对型钢混凝土构件的破坏形态及黏结强度都有影响。

孙国良在文献中指出黏结强度由于剪切连接件的设置能得到有效提高，并给出了设置剪切连接件的型钢黏结强度的计算公式；Roeder 在文献中指出剪切连接件的设置不仅没有增强型钢混凝土的黏结强度，反而降低了型钢混凝土的平均黏结强度，减弱了试件的延性，尤其在发生黏结滑移后，黏结强度大大削弱；李辉在文献中提出随着最大滑移量的增加，剪切连接件对混凝土的横向挤压力提高，从而能显著提高型钢混凝土的黏结强度，对滑移量较小的试件，剪切连接件的作用不显著。在型钢混凝土结构设计中，了解黏结应力及滑移分布规律、自然黏结力及剪切连接件对黏结强度的影响对剪切连接件的设置是很重要的。合理考虑型钢与混凝土间的黏结作用，减少（或尽量避免）剪切连接件的设置，会大大降低施工周期及费用，具有显著的经济效果。

邵永健采用推出试验对 10 个型钢混凝土试件进行了黏结滑移性能的研究。试验主要考虑了型钢在混凝土中的锚固长度和箍筋的配置量对黏结性能的影响，得到了黏结应力与滑移的关系，该本构关系假定沿型钢周边黏结应力是均匀分布的。试验认为，是否配箍筋对极限黏结强度的影响较小，但对试件的延性以及极限滑移的影响较大，增大配箍率可提高试件延性及极限滑移，文献[81]等都有相同结论。文献[81]还认为，随着型钢锚固长度的增大，平均黏结强度增大，极限黏结强度降低，加载端的极限滑移增大。

南京理工大学的范进通过型钢混凝土受弯构件试验，研究了型钢和混凝土之间不同的黏结状态对型钢混凝土梁力学性能及刚度的影响。其试验共设计制作了 8 根型钢混凝土试验梁，分自然黏结、隔离型钢和上翼缘加抗剪连接件 3 种黏结条件。试验结果表明，当隔离型钢后，加载初期就会出现较明显的滑移，而且承载力和刚度显著降低；设置剪力连接件并不能有效提高型钢混凝土受弯构件的承载力和刚度，也不能明显延缓滑移的发生，但能在一定程度上减小极限滑移值。

Roeder 和 Robert 进行了 18 个试件的推出试验，考虑了混凝土保护层厚度、横向配箍率、箍筋形式、型钢截面尺寸、型钢锚固长度、剪力连接件等对黏结强度的影响，建立了外加荷载 P 和加载端相对滑移 S 的曲线，给出了滑移发生前、后黏结应力沿锚固长度的分布：滑移发生前，黏结应力呈指数分布；滑移发生后，接近于常数分布。还进行了 3 个试件在 35%、60%、80%重复荷载（共 10 次）下的黏结性能试验，这 3 个荷载分别代表了黏结滑移的不同阶段。试验表明，重复荷载下，黏结应力退化明显。

Yasser M. Hunaiti 对钢管轻骨料混凝土和钢管普通混凝土的黏结滑移性能和构件承载力进行了试验研究和比较。试件主要考虑了截面形状、混凝土龄期、混凝土类型三个因素。截面形状有方钢管和圆钢管，混凝土龄期有 28 天和 90 天，混凝土类型有普通混凝土和轻骨料混凝土。试验结果表明，轻骨料混凝土比普通混凝土具有更高的黏结强度，轻骨料混凝土和普通混凝土具有类似的黏结滑移性能，而且轻骨料混凝土对弯曲构件和压弯构件承载力的贡献是显著的。

Edwards 对热轧钢筋和光圆钢筋的局部黏结应力-滑移关系进行了研究。由于混凝土的离散性大、内部裂缝形成的不确定性等因素，试验结果相当分散。试验结果认为，最大黏结应力和荷载没有显著关系，而是与加载端距离、离裂缝的距离有关，并且随混凝土保护层厚度的增加而增加；光圆钢筋的最大黏结应力相当于变形钢筋的 35%～50%，光圆钢筋的最大滑移值是 0.01～0.06 mm，变形钢筋的最大滑移值是 0.10～0.30 mm；当钢筋受拉力方向和混凝土浇筑方向一致时，黏结强度较低。

湖北工业大学的陈月顺对轻骨料钢筋混凝土中变形钢筋的黏结应力进行了试验研究，得到了轻骨料钢筋混凝土中黏结应力沿锚长的分布规律。

沈阳建筑工程学院的王连广对型钢轻骨料混凝土简支梁的变形性能进行了研究，建立了一个考虑交接面相对滑移影响的型钢混凝土梁的变形微分方程，微分方程只考虑了上翼缘的相对滑移，未考虑下翼缘的相对滑移。由该方程解出的型钢混凝土梁跨中变形与试验值吻合很好，但计算烦琐，公式中待定系数较多。

1.3.4　存在的问题

1. 型钢轻骨料混凝土黏结滑移性能研究资料缺乏

据上所述，国内外对型钢混凝土的黏结滑移性能进行了一些研究，而关于型钢轻骨料混凝土黏结滑移性能研究的资料很少。因此，型钢轻骨料混凝土黏结滑移性能的研究可以型钢混凝土的黏结滑移研究的成果为参考，开展相关的研究工作。在研究工作中应注意轻骨料混凝土与普通混凝土材料性能的区别：轻骨料混凝土的抗压强度和普通混凝土接近，但其抗拉、抗劈裂强度较低。粗骨料的种类和粒径对轻骨料混凝土的强度有较大影响。

2. 试验方法的选择

型钢混凝土黏结滑移试验研究目前采用的试验方法有梁式试验、中间黏结区段较短的推出试验和全长黏结的推出试验。根据不同的研究目的，采用不同的试验方法。已有的大多数研究采用的是全长黏结的推出试验。全长黏结的推出试验可以从宏观上反映平均黏结应力和平均滑移之间的关系，并且可以从宏观上反映锚固长度、混凝土强度等级、混凝土保护层厚度、箍筋配置量等因素对平均滑移和黏结强度特征值的影响。局部黏结滑移试验可以反映局部黏结应力和滑移之间的关系，研究影响局部黏结强度的因素。

3. 黏结滑移性能影响因素的确定

影响黏结滑移性能的因素较多，而诸多因素对黏结滑移性能的影响结果还未取得一致结论。本书根据前人研究成果，选择了混凝土强度、型钢锚固长度、混凝土保护层厚度、配箍率、型钢翼缘外侧焊短钢筋等五个主要因素来进行型钢轻骨料混凝土黏结滑移性能的研究，为研究型钢轻骨料混凝土的黏结滑移性能提供第一手资料。

4. 黏结强度的比较

型钢轻骨料混凝土的黏结强度和型钢混凝土的黏结强度没有比较资料，型钢轻骨料混凝土的自然黏结强度能达到多少，这也是型钢轻骨料混凝土在应用中急需解决的问题。

5. 黏结滑移本构关系的研究

以往学者关于钢和混凝土间的黏结滑移本构关系建立了很多模型，有多项式、指数函数、幂函数、分段函数等。由于型钢截面的特殊性，它和混凝土间的黏结滑移关系更加复杂。这些模型是否适用于型钢轻骨料混凝土有待验证，为建立简便、实用的黏结滑移本构关系有必要进行此项工作。

6. 型钢轻骨料混凝土构件设计问题

型钢轻骨料混凝土构件设计缺乏指导，期望通过黏结滑移性能的研究为这种新型结构形式的设计提出合理建议。

1.4 本书的研究意义

型钢和轻骨料混凝土之间的黏结强度是保证二者共同工作、共同承载、成为一种真正组合结构的前提。试验研究表明，在荷载作用下，钢和轻骨料混凝土之间存在黏结滑移，黏结滑移是影响型钢混凝土构件受力性能、破坏形态、承载能力、裂缝和变形的主要因素，因此黏结滑移性能的研究对于深入了解型钢轻骨料混凝土结构的受力特征、工作机理具有重要意义。

钢和混凝土之间的黏结作用由自然黏结作用和机械连接作用构成。自然黏结作用包括化学胶结力、摩擦阻力和机械咬合力；机械连接作用主要靠设置剪力连接件增强二者的共同工作能力。国内外研究资料表明，对于型钢混凝土构件，随着外荷载的增加，自然黏结作用逐渐被破坏，当达到极限荷载的80%后，如果不设置足够的剪力连接件，构件将产生明显滑移，《组合结构设计规范》（JGJ 138—2016）只对栓钉剪力连接件进行了适宜性规定，型钢轻骨料混凝土的黏结滑移也有类似现象，至今尚未见到有关型钢轻骨料混凝土黏结滑移性能与型钢普通混凝土黏结滑移性能相比较的报道，《组合结构设计规范》中对剪力连接件设置数量、形式、间距、规格的规定是否适合型钢轻骨料混凝土的需求也需要进一步验证。

我国《轻骨料混凝土应用技术标准》和《组合结构设计规范》分别对轻骨料混凝土、型钢混凝土结构构件的设计方法、构造要求及施工验收技术要求进行了规定，其中未涉及型钢轻骨料混凝土结构构件。型钢轻骨料混凝土结构构件及节点的设计计算是否可以表现为轻骨料混凝土部分和型钢部分简单的叠加，或是在混凝土部分做适当修正，也需要进一步考究。

　　湖北工业大学、广西大学、同济大学等高校已经对轻骨料钢筋混凝土、再生混凝土和钢筋间的黏结滑移性能进行了研究，得出了陶粒混凝土的黏结锚固性能不比普通混凝土差、再生混凝土与钢筋间的黏结滑移关系类似于普通混凝土并且与钢筋的外形有很大关系等结论。David 对 80 MPa 高强轻质混凝土的黏结性能进行了研究，认为高强轻质混凝土（HSLW）的黏结强度比高强普通混凝土（HSNW）的稍微大一些，黏结应力滑移曲线表现出很陡的上升段和下降段，这些成果都积极推动了新型建筑节能材料在土木工程中的应用。天津大学、沈阳建筑工程学院、苏州科技学院等科研单位对型钢轻骨料混凝土梁、柱、节点进行了试验研究并发表了相关论文，但研究成果中均未反映黏结滑移对构件受力性能的影响。随着计算机技术的发展，采用有限元计算新型复杂混凝土结构成为可能，黏结滑移问题是有限元分析的关键点，用有限元技术分析型钢轻骨料混凝土结构的受力性能，不能忽略型钢和轻骨料混凝土间的黏结滑移，因此有必要建立型钢轻骨料混凝土结构和构件中合理的黏结单元及确定合理的黏结刚度。正确的型钢轻骨料混凝土黏结滑移数学模型和相关参数的建立可对型钢轻骨料混凝土结构构件的强度、刚度、变形及裂缝发展情况进行准确的数值计算和分析，为促进型钢轻骨料混凝土结构的研究和应用提供技术支持。总之，型钢轻骨料混凝土的黏结滑移问题是型钢轻骨料混凝土结构中的基本问题，有待开展深入研究。

1.5　本书的研究内容

　　（1）研究影响型钢轻骨料混凝土黏结滑移性能的主要因素。国内外对钢筋混凝土黏结滑移性能的影响因素进行了很多研究，包括保护层厚度、箍筋、纵筋直径、混凝土强度、龄期、纤维增强复合材料（FRP）加固过的混凝土、尺寸效应、重复荷载作用等。根据前述文献等已经做过的关于型钢混凝土黏结性能的试验研究可知，影响型钢混凝土黏结性能的主要因素有保护层厚度、锚固长度、型钢相对尺寸大小、混凝土强度和型钢表面状况。由于轻骨料混凝土属脆性材料，应重点考虑在配置箍筋、尽量少设或不设剪力连接件情况下的混凝土保护层厚度、锚固长度、型钢相对尺寸、混凝土强度和型钢表面状况对黏结性能的影响。

　　（2）进行型钢轻骨料混凝土推出试验，并制作少量型钢混凝土试件进行对比。通过试验观察型钢轻骨料混凝土的破坏现象、破坏类型，结合测试数据对黏结滑移机理进行分析。

　　（3）确定轻骨料混凝土特征黏结强度并与型钢混凝土黏结强度进行比较。

　　（4）建立型钢轻骨料混凝土黏结滑移本构关系。

（5）根据已有的轻骨料混凝土应力-应变曲线关系和试验、分析所得的轻骨料混凝土黏结滑移本构关系，用有限元软件分析、验证试件的黏结滑移性能，为进一步分析型钢轻骨料混凝土构件打下基础。

（6）考虑黏结滑移情况下型钢轻骨料混凝土构件或节点的有限元分析或理论分析，并和相关试验结果进行比较，以期为型钢轻骨料混凝土构件设计提供参考依据。

型钢轻骨料混凝土结构是一种新型结构形式，尽管目前我国对型钢轻骨料混凝土梁、柱及节点进行了一些试验研究，但是试验数据有限，黏结滑移问题对型钢轻骨料混凝土结构构件的受力性能有显著影响，也是进行有限元研究工作的关键问题，因此开展此项研究工作具有很强的理论和应用价值。

1.6 本章小结

本章阐述了型钢轻骨料混凝土结构的特性和应用，总结了型钢混凝土和型钢轻骨料混凝土黏结滑移问题的研究现状和存在的问题，提出了本书研究的目的、内容和意义。

第2章 试验研究

探索黏结应力-滑移关系的研究方法主要有有限差分法或有限元法、基于试验结果假定的本构关系法和基于损伤力学的模拟方法等。本章介绍型钢轻骨料混凝土黏结滑移性能的试验方案、试件制作及相关试验结果。

2.1 黏结滑移试验方法和影响因素

2.1.1 黏结滑移试验方法

针对钢筋混凝土黏结滑移关系的试验研究有很多，常见的试验方法有两种：拉拔试验和梁式试验，其中拉拔试验为主要研究方式。一直以来，国内外学者主要通过改变钢筋直径、混凝土强度、锚固长度等变量来研究影响黏结性能的因素，并基于相关参数分析建立黏结滑移关系。

Eligehausen 等较早通过位移控制加载，对 125 个梁柱节点试件进行了拉拔试验，综合考虑了多种因素对黏结滑移关系的影响，其中包括钢筋直径、混凝土强度、横向压应力、加载速率等，最终分别建立了变形钢筋在单调荷载和循环荷载作用下的黏结滑移本构关系。同年，Filippou 等建立了描述钢筋混凝土梁柱节点滞回性能的分析模型，考虑了黏结滑移作用，以及在循环位移控制下黏结强度的退化。该模型是在 Eligehausen 模型基础上的改进模型，因此合称为 Eligehausen-Filippou 模型，目前已被广泛地应用于广义荷载作用下约束和非约束混凝土黏结滑移关系的数值模拟中。Model Code 1990 和 2010 也先后采用了该模型，然而对于适度约束混凝土来说，该模型并不适用。

为了建立适度约束混凝土的黏结滑移本构关系，Guizani 等制作了 43 个适度锚固的钢筋混凝土试件，锚固长度均为 $5d_b$，分别在单调和循环荷载作用下进行了拉拔试验，并研究了约束程度、混凝土的分层效应、初始加载次数等对试验的影响。最后基于试验回归分析结果，建立了广义荷载作用下适度约束混凝土的黏结滑移本构关系。

我国学者徐有邻等在 Eligehausen 试验的基础上，以混凝土强度、保护层厚度、配箍率等为变量，对 334 个钢筋混凝土试件进行了拉拔试验，并按不同的受力机理将黏结滑移过程划分为 5 个阶段：微滑移段、滑移段、劈裂段、下降段和残余段。最后基于试验数据回归分析，得到了 4 个特征强度的计算公式及相应的黏结滑移本构关系。此外，徐有邻等通过测量变形钢筋黏结应力沿锚固长度的分布，回归得到了位置函数，进一步建立了考虑位置影响的黏结滑移关系。

基于上述研究发现，在大多数拉拔试验中，钢筋的锚固长度均设置较短（$l_a \leqslant 5d_b$），钢筋基本保持在弹性阶段，黏结应力近似为常数。然而，当锚固长度较长时，一方面，钢筋由于承受较大的应力作用而产生明显应变，在应变渗透作用下钢筋因伸长而发生滑移；另一方面，在有横向约束的情况下，一旦受拉屈服发生，约束钢筋因泊松效应而发生收缩，影响了径向压应力的发展，基于摩擦机理，黏结强度将随之下降。此外，钢筋屈服也影响了肋的几何尺寸，进一步削弱了黏结强度。因此，鉴于钢筋屈服及应变渗透的影响，有必要建立适用于长锚固的黏结滑移关系。

Shima 等通过对锚固长度为 $50d_b$ 的钢筋混凝土试件进行拉拔试验，较早研究了钢筋屈服以后的黏结性能。试验研究发现，钢筋应变对黏结滑移关系的影响显著：在弹性阶段，应变曲线十分流畅；但当钢筋发生屈服，开始进入硬化阶段以后，黏结应力急剧下降。在综合考虑了混凝土强度、钢筋应变和钢筋直径的影响后，Shima 等建立了相应的黏结滑移本构模型。

为进一步研究应变渗透作用下的黏结滑移关系，Liang 和 Sritharan 共设计了 5 组长锚固试件（$l_a = 48d_b$），分别采用单调加载和循环加载两种方式对所有试件进行了拉拔试验，并基于以下 3 个因素建立了相应的分析模型：

（1）在 Eligehausen 等建立的局部黏结滑移关系的基础上乘以 Wang 提出的折减系数，以考虑钢筋应变渗透作用。

（2）钢筋的应力应变本构关系。

（3）钢筋与混凝土边界条件的连续协调性。

最终，通过对比试验结果与分析，验证了该模型的准确性，进一步指明在钢筋锚固长度较长时，应当考虑应变渗透对黏结滑移关系的影响。

Tastani 和 Pantazopoulou 等则从改进试验装置角度出发，设计了新型直拉拉拔试件（DTP）以消除试验装置带来的误差影响：将测试钢筋锚入共轴的混凝土棱柱体中，并在该钢筋末端设置支撑钢筋；由于两根钢筋之间互不搭接，其间的拉力直接通过中间无钢筋段的混凝土来传递，钢筋与混凝土均处于受拉状态，从而消除了试验装置对试件性能的影响。该试验综合考虑了多种参数的影响作用，其中包括锚固长度、保护层厚度、约束效应、混凝土抗拉强度等。通过对不同参数下的 DTP 进行加载，并利用获取的试验数据进行变量分析，可以拟合得到描述应力状态的微分方程的精确解，进而推导出局部黏结强度和滑移量的变化关系。

2.1.2　影响黏结滑移的因素

国内外众多学者利用试验研究对比分析了影响黏结滑移关系的各种因素，主要包括混凝土强度、钢筋直径、保护层厚度、横向约束、锚固长度、加载速率等。通过对以上各种因素进行归纳总结，大致可以分为以下 4 种。

1. 钢筋特性

（1）几何特征。

变形钢筋的几何特征主要包括钢筋直径及肋的几何形式，二者对黏结性能的影响均十分显著。众多试验研究表明，随着钢筋直径的增大，黏结应力相应减小，钢筋与混凝土之间的滑移量增大；变形钢筋的横肋增大了钢筋与混凝土之间的接触面积和摩擦系数，一定程度上提高了黏结强度。为了综合考虑钢筋直径及几何形式的影响，一些学者引入相对肋面积这一概念来反映钢筋几何特征对黏结性能的影响。Metelli 和 Plizzari 则通过定义黏结系数考虑了钢筋几何特征的影响，并基于拉拔试验结果指出黏结强度随着黏结系数的增大而增大，且随着钢筋直径的增大，黏结系数的影响愈加明显。

（2）屈服强度。

大量试验研究表明，钢筋屈服及屈服以后引发的应变渗透效应对黏结性能的影响十分显著。如果钢筋在黏结失效前即发生屈服，则试验测得的黏结应力明显低于相同试验条件下未发生屈服的高强钢筋。

（3）锚固长度。

结合上述理论分析及试验研究可知，当锚固长度较短（$l_a \leqslant 5d_b$）时，黏结应力近似均匀分布，可根据平衡关系直接得出黏结滑移公式；而当锚固长度较长时，钢筋产生较大应变且无法忽略，尤其在其屈服以后，在应变渗透作用下钢筋因伸长而发生滑移，黏结强度随之下降。Praveen 等通过梁式试验表明，随着锚固长度的增加，黏结强度相应减小。

2. 混凝土特性

（1）混凝土强度等级。

Eligehausen 等通过对大量拉拔试验数据进行拟合分析得出，黏结应力与 $(f_c)^{\frac{1}{2}}$ 成正比，而后 Model Code 2010 给出的黏结滑移公式也采用了该关系。Delso 和 Stavridis 等则根据试验研究提出黏结强度与 $(f_c)^{\frac{3}{4}}$ 成正比。Shen 和 Shi 等通过对龄期不同的高强混凝土试件进行拉拔试验，指出随着混凝土强度的提高，黏结强度增大，而滑移量则相应减小。徐有邻、滕志明等给出的黏结滑移关系式中，黏结强度均与混凝土劈裂抗拉强度成正比。综合以上研究可以发现，黏结强度随着混凝土强度等级的提高而增大；随着混凝土抗压强度的提高，水灰比相应减小，混凝土更加密实，变形钢筋与混凝土之间的胶结力、机械咬合力增加；随着混凝土抗拉强度的提高，试件的内裂和劈裂应力也相应增大，延缓了混凝土内部裂缝和纵向劈裂裂缝的发生，从而提高了极限黏结强度。

（2）保护层厚度。

Morris 基于试验研究指出，劈裂破坏的发生主要依赖于混凝土保护层厚度及钢筋净间距。当保护层厚度较小时，外围混凝土易产生水平裂缝，从而导致整个混凝土保护层剥落，外围混凝土的抗劈裂能力随之下降，因此可以通过增大保护层厚度来提高黏结强度；但是当保护层厚度过大时，试件不再发生劈裂破坏，黏结强度趋于稳定，此时黏结破坏形式由劈裂破坏转向拔出破坏，保护层厚度不再发挥作用。

3. 应力状态

根据钢筋周围混凝土的受力特点，可以将混凝土内部应力分为压应力和拉应力。

（1）压应力。

Untrauer 等较早通过对侧向压力作用下的立方体试件进行拉拔试验，研究了变形钢筋与混凝土的黏结性能，试验结果表明，峰值黏结强度和极限黏结强度均随着侧向压应力的增大而增大。Robins 等通过一系列拉拔试验，考察了侧向压应力对钢筋混凝土试件黏结性能的影响，指出随着侧向压应力的增大，黏结失效的模式由劈裂破坏转向拔出破坏。Batayneh 等通过试验研究进一步证实了上述观点，并基于侧向压应力对黏结滑移的有利约束，指出可以通过增大侧向压应力来减小相应的设计锚固长度。徐锋考虑了复杂压应力作用下的黏结滑移关系，并建立了相应的解析表达式。因此，综合上述研究得出，可以通过配置横向钢筋来增大侧向压应力，以延缓或限制劈裂裂缝的发展，从而提高钢筋混凝土的黏结性能。

（2）拉应力。

与压应力的作用效果相反，一些学者根据相关试验研究指出，在侧向拉应力作用下，黏结强度降低，相应的滑移量也会增大。Lindorf 等通过拉拔试验对变形钢筋与混凝土在横向拉应力和重复荷载耦合作用下的黏结性能展开了相关研究，试验结果表明，在横向拉应力作用下，纵向裂缝宽度变大，滑移量随之增大，导致黏结失效提前发生。

4. 加载方式

（1）加载制度。

Eligehausen 等通过改变位移幅度来研究加载制度对黏结性能的影响，发现在第一圈加载时，如果峰值黏结应力低于最大黏结应力的 70%～80%，则黏结应力及滑移量在前十圈加载过程中基本保持不变，Delso 等也证实了这一点；相反，如果在第一圈加载时，黏结应力超过单调加载时的极限黏结应力，则在后续加载过程中，黏结强度退化十分严重。此外，Eligehausen 等指出相较于加载次数来说，加载制度对黏结性能退化的影响更加显著。Morris 等根据循环加载试验研究发现，峰值后黏结强度的变化不仅依赖于循环次数，还与位移加载幅度密切相关：与低幅度的位移加载制度相比，在位移幅度逐渐增加的加载制度中，黏结退化将更加严重；与循环次数相同的单向加载制度相比，正反往复加载制度下黏结强度和刚度退化更加严重。Ye 等研究了疲劳荷载作用下加载制度对黏结强度的影响，发现在初始加载阶段，随着循环次数的增加，钢筋横肋前的混凝土变得更加密实，黏结强度相应提高；加载到临界值后，黏结强度开始下降。

（2）加载速率。

Eligehausen 等基于试验研究指出，黏结强度与加载速率呈线性关系。Morris 等也通过试验研究得出提高加载速率可以提高黏结强度的结论。Salem 通过进一步研究发现，变形钢筋黏结性能与加载速率和侧向压应力大小相关：当侧向压应力一定时，黏结强度和刚度均随着加载速率的增加而增大，且所有的试件均呈现劈裂和拔出破坏；当无侧向压应力时，在加载速率较大的情况下，大多数试件均发生劈裂和拔出破坏，而当加载速率较低时，主要发生混凝土劈裂破坏。因此可以得出结论，随着加载速率的增大，黏结强度相应提高。

2.2 试验方案

2.2.1 试验目的

早期的钢筋混凝土黏结滑移性能试验是在 1912～1939 年间进行的，通过拔出试验研究了钢筋表面状况、锚固长度、变形钢筋肋的类型和位置、混凝土的密度、混凝土保护层厚度、钢筋相对于混凝土浇筑时的位置等因素对黏结性能的影响。Bryson 和 Robert 最早研究了型钢表面状况对型钢混凝土黏结滑移性能的影响。

本试验主要研究混凝土强度、型钢锚固长度、混凝土保护层厚度、配箍率和型钢翼缘外侧焊短钢筋 5 个因素对型钢轻骨料混凝土黏结滑移性能的影响，并和型钢混凝土的黏结滑移性能进行比较。

2.2.2 试件设计

1. 材料选择

采用 LC20、LC25、LC30 三个等级的轻骨料混凝土。粗骨料采用 700 级的圆球形黏土陶粒，表观密度 $\rho_g=1\,300\ \text{kg/m}^3$；细骨料采用普通砂，实取砂率 $S_p=38\%$；采用 425 硅酸盐水泥，轻骨料混凝土级配见表 2.1。

型钢采用普通 I10，纵筋采用 HRB335 级钢筋，箍筋采用 HPB235 级钢筋。

表 2.1　轻骨料混凝土级配

强度等级	水泥/kg	粗骨料/kg	细骨料/kg	水/kg	干表观密度/$(kg \cdot m^{-3})$	净水灰比/%
LC20	400	533	653	263	1 646	52.5
LC25	450	520	637	262	1 675	46.7
LC30	490	510	624	261	1 698	42.9

陶粒吸水率为 10%，表中水指考虑附加用水量后的总用水量，净用水量均为 210 kg。

按计算所得表观密度分类，LC20 混凝土的密度等级为 1 600，LC25 和 LC30 混凝土的密度等级为 1 700。

2. 试件分类

为考察不同情况下型钢轻骨料混凝土的黏结性能，分别设计 A、B、C 三组试件，试件明细见表 2.2。

A 组试件：型钢轻骨料混凝土的 9 个试件，考察混凝土强度、锚固长度、混凝土保护层厚度和配箍率 4 个因素，每个因素取用 3 个水平，采用正交试验。

B 组试件：3 个普通混凝土对比试件。

表 2.2　试件明细表

分组	试件编号 $b \times h /$ （mm×mm）	f_{cu} /MPa	l_a /mm	C (C_1, C_2) /mm	箍筋配置	配箍率 /%	配钢率 /%	l_a/b	b_b /mm
	L1(200×200)	LC20	200	50, 66	$\phi8@100$	0.5	3.58	1.0	60
	L2(250×250)	LC20	400	75.5, 91	$\phi8@200$	0.2	2.3	1.6	80
	L3(300×300)	LC20	800	100, 116	无箍筋	—	1.6	2.67	100
型钢轻骨料	L4(250×250)	LC25	200	75.5, 91	无箍筋	—	2.3	0.8	80
混凝土试件	L5(300×300)	LC25	400	100, 116	$\phi8@100$	0.335	1.6	1.3	100
（A组）	L6(200×200)	LC25	800	50, 66	$\phi8@200$	0.25	3.58	4	60
	L7(300×300)	LC30	200	100, 116	$\phi8@200$	0.17	1.6	0.67	100
	L8(200×200)	LC30	400	50, 66	无箍筋	—	3.58	2	60
	L9(250×250)	LC30	800	75.5, 91	$\phi8@100$	0.4	2.3	3.2	80
普通混凝土	N1(200×200)	28	200	50, 66	$\phi8@100$	0.5	3.58	1.0	60
对比试件	N2(250×250)	28	400	75.5, 91	$\phi8@200$	0.2	2.3	1.6	80
（B组）	N3(300×300)	28	800	100, 116	无箍筋	—	1.6	2.67	100
型钢翼缘外	LH1(300×300)	25.3	400	100, 116	$\phi8@100$	0.335	1.6	1.3	100
侧焊短钢筋	LH2(300×300)	25.3	400	100, 116	$\phi8@100$	0.335	1.6	1.3	100
试件（C组）	LH3(300×300)	25.3	400	100, 116	$\phi8@100$	0.335	1.6	1.3	100
	LH4(300×300)	25.3	400	100, 116	$\phi8@100$	0.335	1.6	1.3	100

C 组试件：型钢翼缘外侧焊短钢筋的 4 个试件，短钢筋采用直径为 12 mm 的变形钢筋。LH1 和 LH2 的短钢筋长 65 mm，水平焊在两翼缘外表面上，与型钢纵轴垂直，LH1 的短钢筋间距为 200 mm，LH2 的短钢筋间距为 100 mm；LH3 和 LH4 的短钢筋长 50 mm，沿型钢纵轴垂直焊在两翼缘外表面上，LH3 的短钢筋间距为 200 mm，LH4 的短钢筋间距为 100 mm。型钢翼缘外侧焊短钢筋的照片如图 2.1 所示。

（a）LH1 和 LH2　　　　　　　　　（b）LH3 和 LH4

图 2.1　型钢翼缘外侧焊短钢筋照片

表 2.2 中配钢率 $\rho_{ss}=A_{ss}/bh$，A_{ss} 为型钢截面面积。l_a/b 为相对锚固长度，b 为截面较短边尺寸，l_a 为锚固长度。在加载端，按照力的平衡方程，黏结应力为零，而按照变形协调条件，型钢应变是最大值，但在一些试件加载端附近会出现"负黏结应力"现象，即在加载端一定范围内，型钢应变沿埋置长度方向出现应变增加的现象。为避免和减小加载端奇异现象，加载端预留 200 mm 无黏结区，无黏结区通过在工字钢表面粘贴透明胶带实现。

加载端混凝土顶面和加载钢板之间的距离为 150 mm，试件自由端预留孔高 50 mm。试件底部混凝土局部受压部分预埋 10 mm 厚的钢板，试件横截面图和立面图如图 2.2 所示，b_b 尺寸见表 2.2。试件总长的计算式为

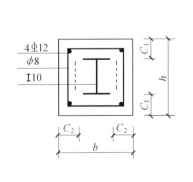 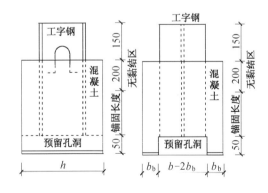

（a）横截面图　　　　　　　　　（b）立面图

图 2.2　试件简图

试件总长=锚固长度+无黏结区长+自由端预留孔高+加载端外露型钢长

$$=l_a+200+50+150=l_a+400（mm）$$

2.2.3 试验装置及加载制度

试验采用单调加载。开裂前每次加载为预计破坏荷载下限的 10%，开裂后每级荷载取 5%，直至构件破坏。试验装置如图 2.3 所示。真正加载前，首先预加载 5～15 kN，以保证不会有初始沉陷造成的荷载损失。

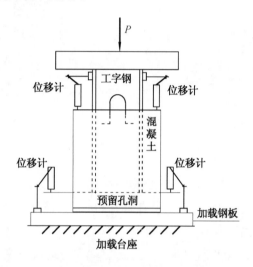

图 2.3 试验装置图

型钢混凝土平均黏结应力随混凝土强度、保护层厚度增大而增大，随锚固长度增大而减小。根据相关文献，以型钢混凝土平均黏结应力 $\bar{\tau}=1.5\ \text{MPa}$ 为下限，以型钢混凝土平均极限黏结应力 $\bar{\tau}_{\max}=0.09\ f_{cu}$ 为上限，根据型钢混凝土黏结应力变化规律对试件极限承载力进行预估，分别得到试件预计破坏荷载的下限 P_{umin} 和上限 P_{umax}，见表 2.3。

表 2.3 试件预计破坏荷载 P_u kN

试件	L1	L2	L3	L4	L5	L6	L7	L8	L9	N1	N2	N3	LH
P_{umin}	142	284	568	142	284	568	142	284	568	142	284	568	284
P_{umax}	170	340	680	213	426	852	255	510	1 020	213	426	852	426

2.2.4 试验测量内容及方法

1. 试验测量内容

（1）型钢翼缘外侧、内侧和腹板应变。

（2）与型钢翼缘和腹板应变片对应位置处的混凝土应变。

（3）箍筋应变。

（4）加载端和自由端滑移。

（5）荷载。

2. 试验测量方法

（1）型钢应变测量方法。

型钢表面应变片按距加载端距离由密到疏布置。锚固长度为 200 mm 的试件，每隔 50 mm 在型钢翼缘内、外侧和腹板处布置应变片；锚固长度为 400 mm 和 800 mm 的试件，在距加载端 200 mm 范围内，应变片间距为 50 mm，超过 200 mm 部分，应变片间距为 100 mm，如图 2.4（a）所示。型钢和箍筋应变由 DH3816 系统采集。

（2）混凝土应变测量方法。

沿型钢纵向在与型钢上翼缘垂直的混凝土表面上粘贴应变片，应变片位置与型钢上翼缘应变片位置对应，前后两面交错布置，间距为 100 mm。

在与型钢腹板应变片对应位置处混凝土表面上粘贴应变片，前后两面交错布置，间距为 100 mm。

混凝土表面应变片的布置如图 2.4（b）所示。混凝土应变由 CM-1J-32 测量系统采集。

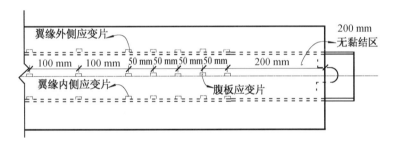

（a）型钢表面应变片布置

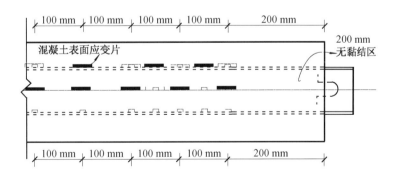

（b）混凝土表面应变片布置

图 2.4　型钢和混凝土表面应变片布置图

（3）箍筋应变测量方法。

箍筋应变片粘贴位置如图 2.5 所示。

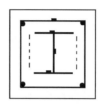

图 2.5　箍筋应变片布置横截面图

（4）滑移测量方法。

在试件的加载端布置两个百分表，取平均值为加载端滑移；自由端布置两个千分表，测自由端型钢相对于混凝土的滑移。

（5）荷载测量方法。

直接由试验机读出加载值。

2.2.5　试验注意事项

（1）浇筑混凝土时，为保证轻骨料混凝土的强度，宜采用机械振捣，并注意振捣时间不宜过长，以拌和物捣实为准，为防止轻骨料上浮，一般控制在 10～30 s 内，每层浇筑厚度宜控制在 30～50 cm。

（2）由于试件浇筑方向对黏结滑移性能有影响，因此浇筑试件时应采用统一方向，即型钢翼缘水平放置，混凝土浇筑方向与型钢翼缘表面垂直。试件浇筑之前，应对型钢表面进行擦刷和丙酮清洁。试件浇筑之后，要注意养护。先湿养护 7 天，然后拆模在空气中养护至 28 天，并对浇筑混凝土时的上面和下面进行标记。

（3）振捣混凝土时，应保护好应变片和导线。

（4）试验中应采取措施实现对中。下部用细砂找平，在试件中部两侧面对称安置电子千分表，通过预加载并调整加载装置直至两千分表读数接近，则认为基本对中。

（5）试验中应注意观测、记录裂缝的发展情况，观察试件破坏形态。

（6）应注意预留试块进行材性试验。

2.3　试件制作及试验过程

2.3.1　试件制作过程

型钢表面铣槽和箍筋表面应变片通过砂轮打磨后直接粘贴。型钢翼缘和腹板表面铣槽深度为 1.5 mm，锚固长度为 200 mm 和 400 mm 的槽宽 c 为 8 mm，锚固长度为 800 mm

的槽宽 c 为 10 mm，型钢截面铣槽如图 2.6 所示，c 为铣槽宽度。型钢和箍筋上粘贴规格为 2×3 的电阻应变片。

图 2.6　型钢截面铣槽示意图

粘贴时，首先将测区用蘸有丙酮的棉球反复擦拭，直至棉球无黑色为止，然后用 KH502 胶粘贴应变片。为了应变片与应变仪连接方便，在应变片的引线上焊接一段导线，焊后用万用表检查焊接质量，并将导线固定绑扎在构件上。最后用 302 胶封牢节点和应变片，分束引出导线。试件中应变片的粘贴和密封如图 2.7 所示。

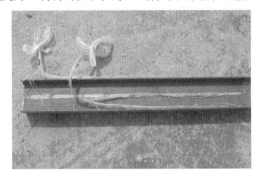

图 2.7　应变片的粘贴和密封

密封胶固化后，开始支模浇筑混凝土。混凝土分四批浇筑，首先浇筑 C25，然后是 LC20、LC25 和 LC30。配置轻骨料混凝土时，首先将陶粒在水中浸泡 30～60 min，然后按照净用水量配置相应级别的轻骨料混凝土。混凝土的支模和浇筑如图 2.8 所示。

图 2.8　混凝土的支模和浇筑

试件运回实验室后，对混凝土表面需要粘贴应变片的位置进行打磨、AB 胶基底处理和丙酮清洁，然后用环氧树脂粘贴规格为 100×3 的电阻应变片，最后焊接导线并对节点进行密封。混凝土表面应变片的粘贴和密封如图 2.9 所示。

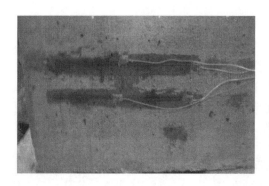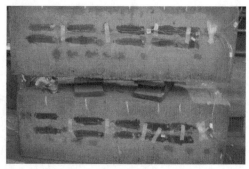

图 2.9　混凝土表面应变片的粘贴和密封

2.3.2　材性试验

试件试验的同时对混凝土和钢材进行了材性试验，相关试验结果如下。

1. 混凝土材性试验

混凝土立方体抗压强度 f_{cu}、劈裂抗拉强度 f_t 和弹性模量 E 见表 2.4。

表 2.4　混凝土材性试验结果

混凝土强度	f_{cu}/MPa	f_t/MPa	$E/\times10^4$ MPa
LC20	24.2	2.237	1.863
LC25	25.3	2.666	1.916
LC30	30	2.895	1.954

2. 型钢、纵筋和箍筋材性试验

型钢、纵筋和箍筋的屈服强度 f_y、极限强度 f_u 和极限伸长率 δ_u 见表 2.5。

表 2.5　钢材材性试验结果

钢材类别	f_y/MPa	f_u/MPa	δ_u/%
型钢	315	418.7	23
纵筋	370	571	20
箍筋	336	489.3	19

2.3.3　试验过程

试验在东南大学 500 t 的压力试验机上进行，所用量程为 100 t 的小砣。试验装置如图 2.10 所示，试验中每级荷载持荷 5 min 后开始读数。

图 2.10　试验装置图

2.4　试验结果与分析

2.4.1　试件破坏形态

试件 L1、L2、L3、L4、L7、L8、N1 和 N2 发生劈裂破坏，其余试件发生推出破坏。试件破坏照片如图 2.11 所示。

（a）劈裂破坏

（b）推出破坏

图 2.11　试件破坏照片

1. 劈裂破坏

当试件箍筋配置较少，锚固长度较短或保护层较薄时，发生劈裂破坏。对劈裂破坏构件，刚施加荷载时，试件的加载端和自由端无滑移。当增加到极限荷载的 10%～35%时，L 系列试件加载端开始出现滑移；当增加到极限荷载的 15%～50%时，N 系列试件加载端出现滑移，轻骨料混凝土开始出现滑移的荷载较普通混凝土早。随荷载增加，滑移增大，在极限荷载 80%以前，荷载-滑移关系近似线性变化。在此加载期间，试件开始在加载端出现细微裂缝。裂缝有 3 种形式，如图 2.12 所示。裂缝形式与保护层厚度有关，图 2.12 截面设计中 $C_1<C_2$。当 C_1 较小时，出现 I 型裂缝；当 C_1 较大时，出现 II 型裂缝；当 C_1 处于中间时，出现 III 型裂缝。当荷载超过极限荷载的 80%后，滑移增长速度加快。当达到极限荷载时，随着"嘭"的一声，荷载急剧下降，滑移大幅度增加，原来细微裂缝中的一条或两条突然贯通整个试件，混凝土发生劈裂破坏，最大裂缝宽度可达 2～5 mm。在荷载下降段，当滑移达到一定数值后，荷载基本保持不变，取此荷载为残余荷载，为极限荷载的 45%～80%。配有箍筋的试件，其裂缝的出现和开展均比无箍筋试件迟缓，裂缝宽度明显小于无箍筋试件。

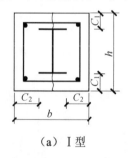 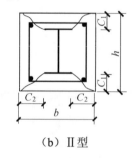 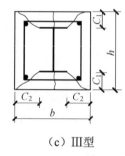

（a）I 型 （b）II 型 （c）III 型

图 2.12 加载端裂缝形式

2. 推出破坏

当试件箍筋配置较密，锚固长度较长或保护层较厚时，发生推出破坏。荷载较小（为极限荷载的 10%～35%）时，试件两端无滑移发生。随荷载增大，滑移几乎与荷载呈线性比例增加。当加载端滑移大约达到 0.2 mm 时，此时荷载为极限荷载的 60%～80%，随荷载的微小增加，滑移加速度增大，试件加载端出现细微裂缝，裂缝形式为 II 型和 III 型。达到极限荷载时，荷载保持不变，而滑移持续增加，趋于不收敛，裂缝发展缓慢，柱身几乎无裂缝或仅在加载端附近出现一些小裂缝，试件发生推出破坏。

3. 破坏类型判别

影响型钢轻骨料混凝土黏结破坏类型的主要因素是混凝土保护层厚度、配箍率和锚固长度，因此，为判别型钢轻骨料混凝土推出破坏、劈裂破坏类型，引入等效约束系数 r_e，令

$$r_e = \frac{\rho_{sv} l_a C_1}{d^2} \qquad (2.1)$$

式中，ρ_{sv} 为配箍率；l_a 为锚固长度；C_1 为型钢混凝土保护层厚度较小值；d 为型钢截面高度。

表 2.6 为试件 L1~L9 的等效约束系数 r_e 的计算值。

表 2.6　试件等效约束系数 r_e 的计算值

试件	L1	L2	L3	L4	L5	L6	L7	L8	L9
r_e/%	0.5	0.604	0	0	1.34	1.0	0.34	0	2.48
破坏类型	劈裂破坏	劈裂破坏	劈裂破坏	劈裂破坏	推出破坏	推出破坏	劈裂破坏	劈裂破坏	推出破坏

由表 2.6 可知，随等效约束系数 r_e 增大，破坏形式由劈裂破坏过渡到推出破坏。推出破坏试件中，等效约束系数最小的是试件 L6，r_{e6}=0.01，劈裂破坏试件中 r_e 均小于 0.01。因此，本书暂以 0.01 为界限，当 r_e<0.01 时发生劈裂破坏；当 r_e≥0.01 时发生推出破坏。

2.4.2　荷载-滑移曲线

1. 试验结果曲线

试件 L1~L9 加载端和自由端的荷载-滑移实测曲线如图 2.13 所示。

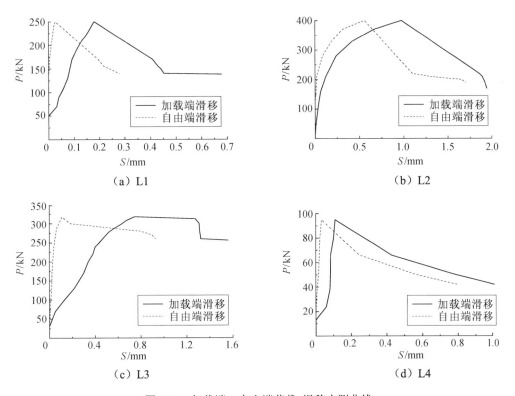

（a）L1　　　　　　　　　　　　　　（b）L2

（c）L3　　　　　　　　　　　　　　（d）L4

图 2.13　加载端、自由端荷载-滑移实测曲线

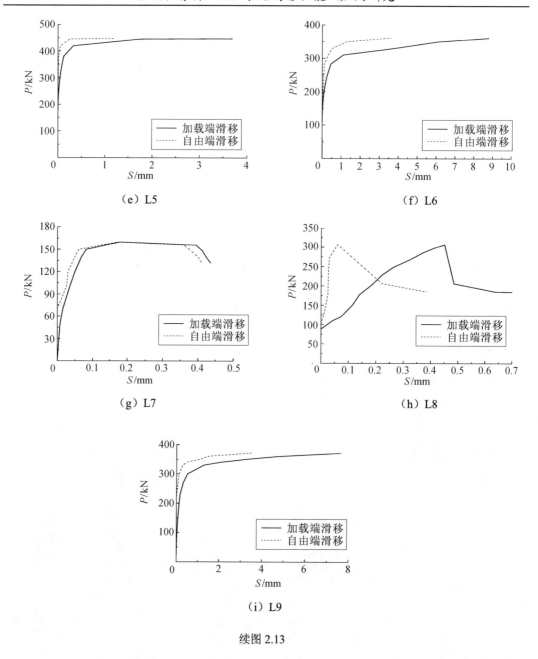

（e）L5   （f）L6

（g）L7   （h）L8

（i）L9

续图 2.13

2. 荷载 P-加载端滑移 S_L 曲线模型

当荷载较小时，自由端几乎无滑移；当荷载接近或达到极限荷载时，自由端滑移突然增大，但仍比加载端滑移小。加载端滑移随荷载增加有明显的规律性，数据稳定。因此，本节主要研究加载端的荷载-滑移关系曲线。型钢轻骨料混凝土荷载 P 与加载端滑移 S_L 实测曲线如图 2.14 所示。

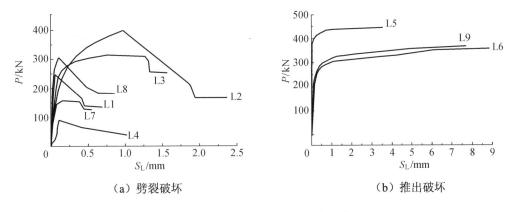

（a）劈裂破坏　　　　　　　　　（b）推出破坏

图 2.14　荷载-加载端滑移实测曲线

通过荷载-加载端滑移实测曲线分析，典型的劈裂破坏和推出破坏荷载 P-加载端滑移 S_L 关系模型如图 2.15 所示。

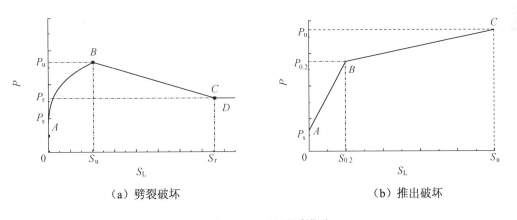

（a）劈裂破坏　　　　　　　　　（b）推出破坏

图 2.15　P-S_L 关系模型

劈裂破坏试件的荷载-滑移曲线分为四段：无滑移段、上升段、下降段和残余段。在无滑移段中化学胶结力起主要作用，随化学胶结力的丧失，加载端开始出现滑移，此时对应的荷载为初始滑移荷载 P_s，摩擦力和机械咬合力开始发挥作用，直至极限荷载 P_u。由于混凝土保护层厚度较小、箍筋配置较少或锚固长度较短，当达到极限荷载时，摩擦力和机械咬合力不足以抵抗界面剪应力，混凝土缺乏有效约束，因此引起混凝土劈裂。劈裂破坏发生后，摩擦力消失，机械咬合力起贡献作用，荷载下降段的终点即残余段的起点，此时荷载记为 P_r。极限荷载 P_u、残余荷载 P_r 对应的滑移分别为极限荷载滑移 S_u、残余滑移 S_r。

推出破坏试件的荷载-滑移曲线分为三段：无滑移段、上升段和大滑移段。无滑移段和上升段的黏结机理同劈裂破坏。当加载端滑移大约为 0.2 mm（即 $S_{0.2}$）时，曲线出现了一个明显的转折点，开始进入大滑移阶段，转折点荷载记为 $P_{0.2}$。由于混凝土保护层较厚、箍筋配置较密或锚固长度较长，混凝土具有较好的约束，型钢和混凝土界面能提供较大的摩擦力和机械咬合力，继续增大的滑移需要不断地克服界面上的摩擦力和机械咬合力（摩擦力起关键作用），因此试件可以承担大的滑移而承载力不降低，此时对应的荷载为极限荷载 P_u。转折点荷载 $P_{0.2}$、极限荷载 P_u 对应的滑移分别为 $S_{0.2}$（0.2 mm）、极限荷载滑移 S_u。

表 2.7 为试件 L1～L9 特征荷载与特征滑移的实测值。

表 2.7　特征荷载和特征滑移试验结果

试件编号	P_s/kN	$P_{0.2}$/kN	P_u/kN	P_r/kN	S_u/mm	S_r/mm
L1	60	—	250	140	0.18	0.455
L2	50	—	400	170	0.975	1.942
L3	46	—	318	260	0.746	1.323
L4	19	—	95	42	0.11	1.01
L5	146	397	447	—	3.685	
L6	116	243	361	—	8.783	
L7	15	—	160	132	0.179 5	0.436
L8	110	—	307	185	0.45	0.639
L9	48	238	372	—	7.63	—

2.4.3　型钢普通混凝土对比试验结果

B 组试验是普通混凝土对比试验，通过该组试验可比较型钢普通混凝土和型钢轻骨料混凝土黏结滑移性能的差异。试件 N1 和 N2 发生劈裂破坏，N3 发生推出破坏。除混凝土外，B 组试件 N1、N2、N3 的其他参数分别与 A 组试件 L1、L2、L3 的完全相同。对比试件的荷载-滑移曲线如图 2.16 所示，对比试验结果见表 2.8。

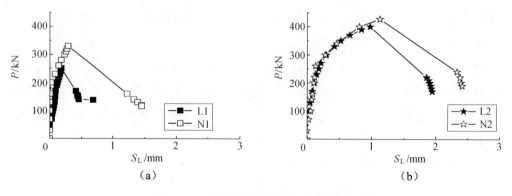

图 2.16　B 组对比试验的荷载 P-滑移 S_L 曲线

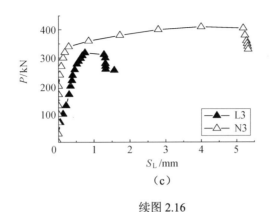

（c）

续图 2.16

表 2.8　对比试验结果

试件	荷载 P_s /kN	荷载 比例	荷载 P_u /kN	荷载 比例	滑移 S_u /mm	滑移 比例	荷载 P_r /kN	荷载 比例	滑移 S_r /mm	滑移 比例
N1	136	2.27	330	1.32	0.29	1.62	116	0.83	1.45	3.187
L1	60		250		0.18		140		0.455	
N2	55	1.1	427	1.07	1.127	1.16	190	1.12	2.411	1.24
L2	50		400		0.975		170		1.942	
N3	118	2.57	410	1.29	3.99		—		—	—
L3	46		318		0.746		260		1.323	

注：表中荷载比例和滑移比例均为 N 系列试件和 L 系列试件之比。

图中 P-S_L 曲线表明，型钢轻骨料混凝土与型钢普通混凝土的荷载-滑移曲线相似，但曲线的上升段和下降段更陡，特征荷载和特征滑移值均较普通混凝土低。试件 N3 发生推出破坏，未参与极限滑移和水平残余阶段比较。进一步计算表明，型钢普通混凝土初始滑移荷载 P_s 相当于型钢轻骨料混凝土的 1.98 倍；极限荷载 P_u 相当于型钢轻骨料混凝土的 1.23 倍；水平残余荷载 P_r 变化不大；极限滑移和残余滑移分别相当于型钢轻骨料混凝土的 1.39 倍和 2.21 倍。

2.4.4　剪力连接件试件试验结果

剪力连接件试验主要考察型钢翼缘外侧焊短钢筋的形式和间距对黏结滑移性能的影响，其他参数与 L 系列试件 L5 全部相同。试件 LH1、LH2 的短钢筋水平焊在翼缘上，间距分别为 200 mm、100 mm；试件 LH3、LH4 的短钢筋垂直焊在翼缘外侧中线上，间距分别为 200 mm、100 mm。试件的荷载-滑移曲线如图 2.17 所示，主要试验结果见表 2.9。LH 系列试件和 L5 试件均发生推出破坏。

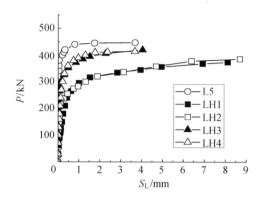

图 2.17 LH 系列试件的荷载 P-滑移 S_L 曲线

表 2.9 LH 系列试件和 L5 试件的试验结果

试件	荷载 P_s /kN	荷载 比例	荷载 $P_{0.2}$ /kN	荷载 比例	荷载 P_u /kN	荷载 比例	滑移 S_u /mm	滑移 比例
LH1	48	0.33	165	0.42	374	0.84	8.106	2.2
LH2	52	0.36	230	0.58	386	0.86	8.69	2.36
LH3	94	0.64	312	0.79	420	0.94	4.05	1.1
LH4	56	0.38	290	0.73	414	0.93	3.68	1.0
L5	146	平均值＝0.43	397	平均值＝0.63	447	平均值＝0.89	3.685	平均值＝1.67

以上图表表明，在翼缘上增设剪力连接件后，初始滑移荷载、转折点荷载和极限荷载分别降低 57％、37％和 11％；极限滑移增大 67％。翼缘水平焊剪力连接件的试件其特征荷载降低得更多，极限荷载滑移更大。连接件间距似乎对承载力和滑移影响不大。试验中 LH3、LH4 加载端出现细微裂缝，而 LH1、LH2 与 L5 柱身几乎无裂缝。因此，剪力连接件宜垂直焊在翼缘上，间距不宜太密，建议为 200 mm，应使连接件有足够的混凝土保护层厚度（本试验中为 50 mm）。

2.4.5 型钢应力沿锚长分布

1. 试验曲线

通过在型钢翼缘内侧、外侧和腹板粘贴应变片，可得不同级荷载下型钢不同部位应力沿锚固长度的分布曲线。图 2.18 为试件 L3 型钢不同部位在不同级荷载下的应力分布图。

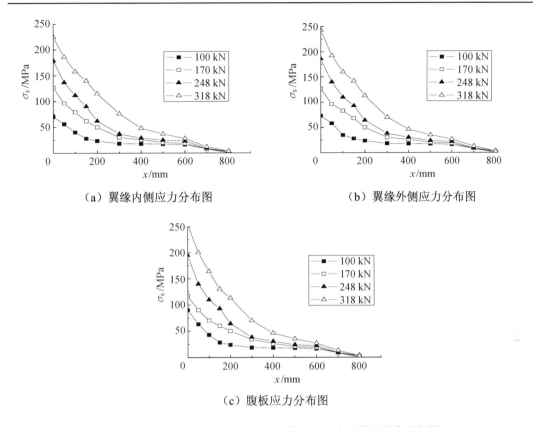

（a）翼缘内侧应力分布图　　　　　　（b）翼缘外侧应力分布图

（c）腹板应力分布图

图 2.18　L3 型钢不同部分在不同级荷载下应力沿锚固长度分布图

图 2.18 表明，型钢应力沿锚固长度近似呈指数函数分布，不同级荷载下翼缘内侧、翼缘外侧应力分布相似。图 2.19 给出了其余试件型钢翼缘和腹板应力分布图。

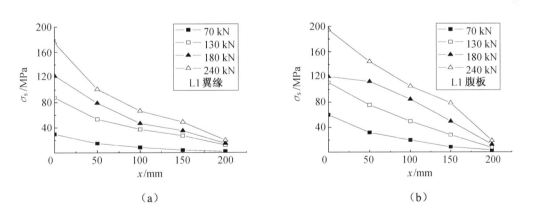

（a）　　　　　　　　　　　　　　（b）

图 2.19　其余试件型钢翼缘和腹板应力分布图

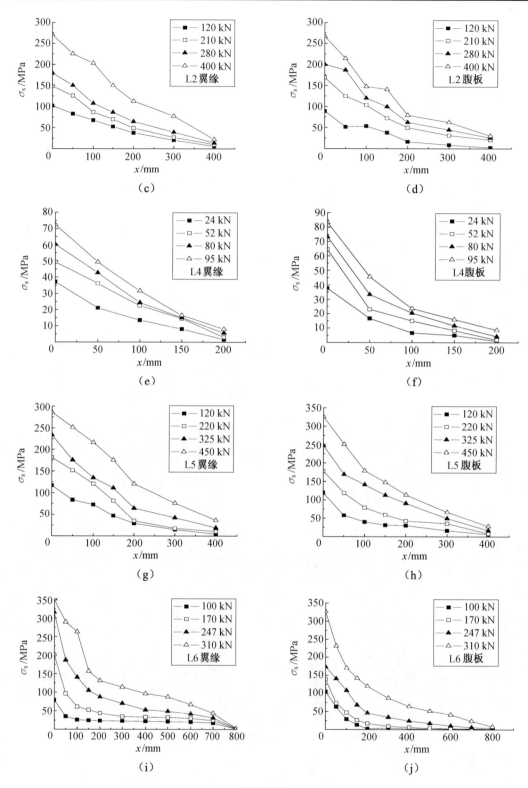

续图 2.19

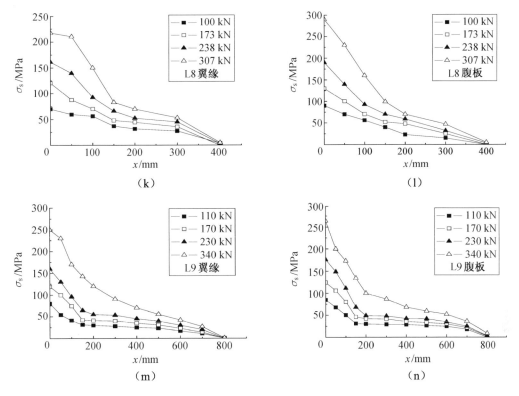

续图 2.19

图 2.19 表明，加载端型钢应力最大。随荷载增加，型钢应力逐渐沿锚固长度方向发展。当达到极限荷载时，距加载端 200 mm 处型钢截面应力下降到加载端的 20%左右，在此范围内，型钢应力下降较快。

本试验中，对加载端型钢施以均匀分布的压力，因此型钢处于轴心受力状态，各级荷载下截面各部分应力分布均匀。图 2.20 给出了型钢翼缘和腹板在不同级荷载下的应力分布比较图，图中表明，在不同级荷载下，型钢翼缘和腹板的应力分布相近，计算分析中可认为相等。

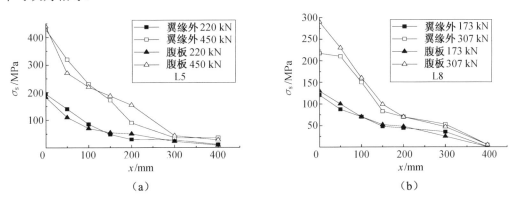

图 2.20　型钢翼缘、腹板在不同级荷载下应力分布比较图

2. 拟合曲线

型钢截面应力在上升段沿锚固长度的变化曲线可用负指数函数表示：

$$\sigma_s(x) = \sigma_0 e^{-k_1 x} \tag{2.2}$$

式中，σ_0 为加载端（$x=0$）截面平均应力，$\sigma_0 = \dfrac{P}{A}$；k_1 为黏结应力指数特征值，取值范围为 0.002 3～0.008，建议按式（2.3）取值，其拟合相关系数为 0.87，效果良好。

$$k_1 = 0.008\,5 - 0.007\,2 l_a \tag{2.3}$$

式中，l_a 为锚固长度（m）。

图 2.21 所示为型钢应力分布试验曲线和拟合曲线的比较（试验曲线上的点为实测点，后同）。

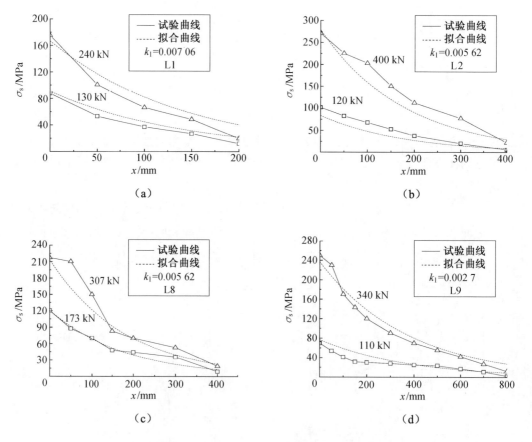

图 2.21　型钢应力分布试验曲线和拟合曲线

图 2.21 中 k_1 为拟合曲线负指数计算值，拟合曲线和试验曲线吻合较好，说明可以用式（2.2）和式（2.3）模拟型钢截面应力在上升段沿锚固长度的分布。

2.4.6　混凝土应变沿锚长变化曲线

通过在混凝土表面粘贴应变片,可测得与型钢翼缘和腹板应变片位置对应处混凝土表面的应变。图 2.22 给出了试件在不同级荷载下混凝土表面的应变分布。

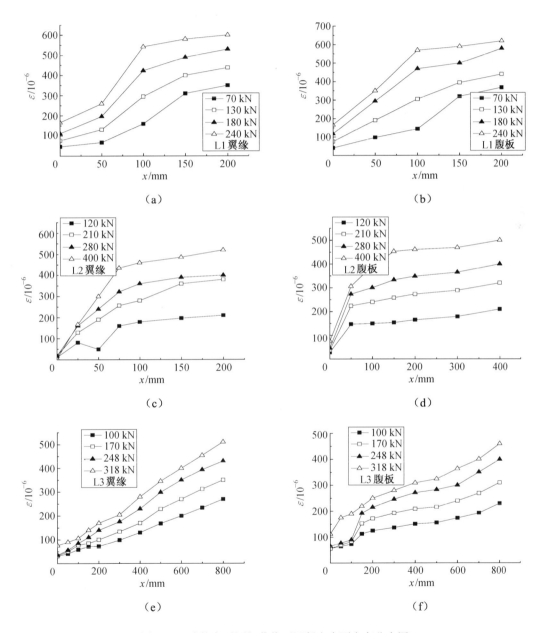

图 2.22　试件在不同级荷载下混凝土表面应变分布图

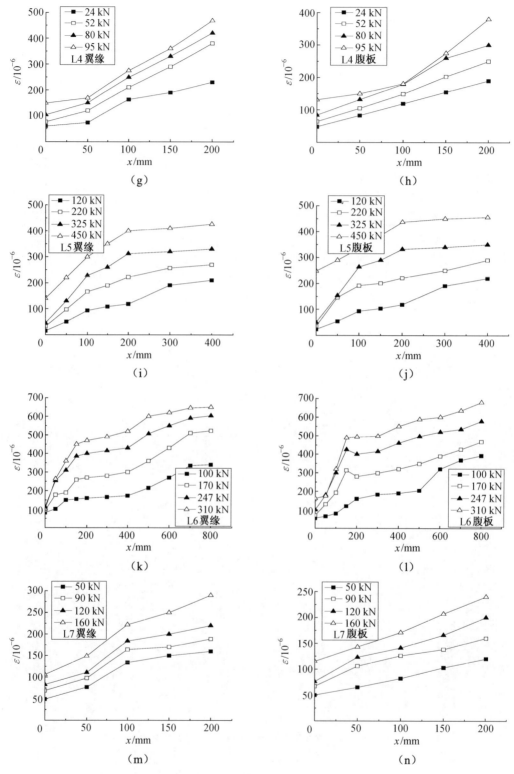

续图 2.22

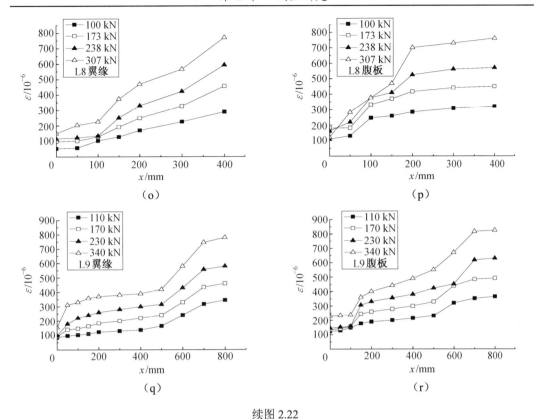

续图 2.22

　　以上曲线表明，与型钢翼缘、腹板对应位置处混凝土表面应变分布具有相似性。图 2.23 给出了试件 L1、L5 和 L6 在不同级荷载下与型钢翼缘和腹板对应位置处混凝土表面应力分布比较图。通过比较，进一步看出，混凝土表面不同位置处在不同级荷载下的应变近似相等。

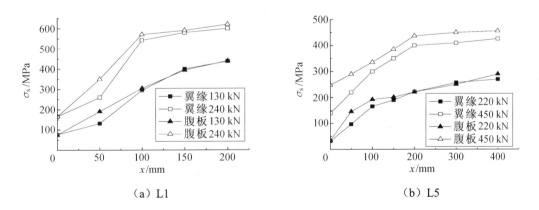

图 2.23　L1、L5 和 L6 在不同级荷载下与型钢翼缘和腹板对应位置处混凝土表面应力分布比较图

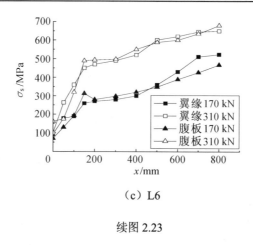

（c）L6

续图 2.23

2.5　本章小结

本章对型钢轻骨料混凝土（LC）、型钢普通混凝土（NC）及型钢翼缘焊短钢筋（LH）三组试件进行了黏结滑移性能的试验研究。LC 系列试件考察了混凝土强度、保护层厚度、锚固长度和配箍率四个因素对黏结滑移性能的影响。试验中观察了试件破坏形态、裂缝的出现和开展；记录了不同荷载下加载端、自由端滑移；测得了每一级荷载下型钢翼缘、腹板和对应位置处混凝土表面沿锚固长度的应变；绘制了加载端、自由端荷载-滑移曲线和型钢及混凝土表面应变沿锚固长度分布图。通过试验现象的观察和试验数据的分析，可得出以下主要结论：

（1）试件破坏分为劈裂破坏和推出破坏两种类型。当保护层厚度较厚、锚固长度较长、配箍率较大时，发生推出破坏；反之，发生劈裂破坏。根据试验结果，引入等效约束系数 r_e，当 $r_e < 0.01$ 时，发生劈裂破坏；当 $r_e \geqslant 0.01$ 时，发生推出破坏。

（2）建立了典型的劈裂破坏和推出破坏荷载-滑移曲线模型。劈裂破坏模型分为无滑移段、上升段、下降段和残余段；推出破坏模型由无滑移段、上升段和大滑移段组成。

（3）轻骨料混凝土的荷载-滑移曲线较普通混凝土更陡，其特征荷载值和滑移值均较普通混凝土低。

（4）焊有剪力连接件试件的特征荷载较轻骨料混凝土低且特征滑移值大。由于型钢翼缘表面上焊接短钢筋，增加了和混凝土接触表面的缺陷，荷载作用下，滑移发生较早，但后期抵抗滑移的能力增强。剪力连接件宜垂直焊接在型钢翼缘表面上，间距 200 mm 为宜。

（5）型钢翼缘和腹板应力分布相似，沿锚固长度呈指数函数分布，拟合了该函数曲线，给出了黏结应力指数特征值 k_1。

第3章 黏结强度

黏结强度是黏结性能的主要力学指标之一。本章根据试验结果分析了平均黏结强度的影响因素；回归分析了特征黏结强度表达式；与型钢普通混凝土和翼缘外侧焊短钢筋试件的黏结强度进行了对比；拟合了型钢表面黏结应力沿锚固长度的变化曲线；对理论分析结果和试验结果进行了比较；建议了局部黏结应力最大值和临界锚固长度取值。

3.1 平均黏结强度

3.1.1 $\bar{\tau}$-S_L 试验曲线

对锚固长度为 L 的试件，平均黏结应力 $\bar{\tau}$ 可由总外载 P 除以混凝土内型钢总表面积 $L\sum O$ 得到，$\sum O$ 为型钢截面总周长，即

$$\bar{\tau} = \frac{P}{L\sum O} \tag{3.1}$$

平均黏结应力 $\bar{\tau}$ 从宏观上反映了型钢和混凝土交界面抵抗滑移能力的大小，但不含位置影响。图 3.1 所示为 A 组试件平均黏结应力 $\bar{\tau}$-S_L 关系曲线。

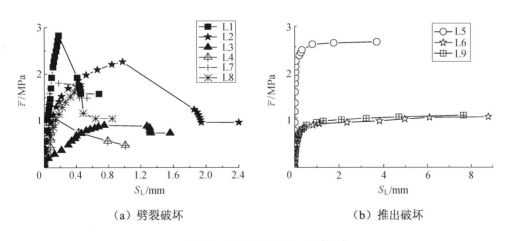

（a）劈裂破坏   （b）推出破坏

图 3.1 A 组试件 $\bar{\tau}$-S_L 关系曲线

3.1.2 特征黏结强度

前面 2.4.2 节中给出了典型的劈裂破坏和推出破坏荷载-滑移曲线，相应的 $\bar{\tau}$-S_L 关系曲线如图 3.2 所示。劈裂破坏曲线由无滑移段、上升段、下降段和残余段组成；推出破坏曲线由无滑移段、上升段和大滑移段组成。

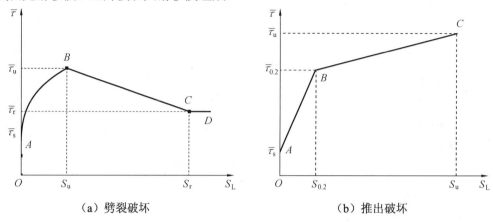

（a）劈裂破坏 　　　　　　　　　　　（b）推出破坏

图 3.2 典型的劈裂破坏、推出破坏模型

特征荷载除以混凝土内型钢总表面积可得特征黏结强度，特征黏结强度反映了达到特征荷载时接触面上的平均黏结应力。劈裂破坏的三个特征黏结强度分别为初始滑移黏结强度 $\bar{\tau}_s$、极限黏结强度 $\bar{\tau}_u$ 和残余黏结强度 $\bar{\tau}_r$；两个特征滑移为极限荷载滑移 S_u、残余滑移 S_r。推出破坏和劈裂破坏相比有两个相同的特征强度：初始滑移黏结强度 $\bar{\tau}_s$ 和极限黏结强度 $\bar{\tau}_u$。根据推出破坏荷载-滑移曲线的特点，取加载端滑移等于 0.2 mm 时的荷载为 $P_{0.2}$，对应的特征黏结强度为转折点黏结强度，记为 $\bar{\tau}_{0.2}$。推出破坏的特征滑移为极限荷载滑移 S_u。表 3.1 给出了 L 系列试件的特征黏结强度和特征滑移值。

表 3.1　L 系列试件的特征黏结强度和特征滑移值

试件编号	$\bar{\tau}_s$ /MPa	$\dfrac{\bar{\tau}_s}{\bar{\tau}_u}$	$\bar{\tau}_{0.2}$ /MPa	$\dfrac{\bar{\tau}_{0.2}}{\bar{\tau}_u}$	$\bar{\tau}_r$ /MPa	$\dfrac{\bar{\tau}_r}{\bar{\tau}_u}$	$\bar{\tau}_u$ /MPa	S_u /mm	S_r /mm
L1	0.679	0.24	—	—	1.58	0.558	2.83	0.18	0.455
L2	0.283	0.125	—	—	0.962	0.425	2.264	0.975	1.942
L3	0.142	0.158	—	—	0.736	0.818	0.9	0.746	1.323
L4	0.2	0.186	—	—	0.476	0.442	1.076	0.11	1.01
L5	0.85	0.333	2.26	0.887	—	—	2.548	3.685	—
L6	0.34	0.333	0.68	0.665	—	—	1.022	8.783	—
L7	0.18	0.1	—	—	1.49	0.828	1.8	0.179 5	0.436
L8	0.623	0.359	—	—	1.047	0.602	1.738	0.45	0.639
L9	0.142	0.135	0.68	0.646	—	—	1.053	7.63	—

型钢与轻骨料混凝土之间的黏结强度由三部分组成：化学胶结力、摩擦力和机械咬合力。滑移发生之前的初始滑移黏结强度 τ_s 主要由化学胶结力提供，本次试验结果显示，τ_s 占极限黏结强度的 10% 以上，最高达到 33.3%。随着化学胶结力的丧失，滑移逐渐增大。劈裂破坏试件的化学胶结力完全丧失后，只有摩擦阻力和机械咬合力做贡献，黏结强度保持一定的残余值，并不随黏结滑移的发展而降低，此黏结强度为残余黏结强度 τ_r。本次试验结果显示，τ_r 占极限黏结强度的 40% 以上，随锚固长度增加和保护层厚度增大，τ_r 的占比也增大。推出破坏试件中当加载端滑移达到 0.2 mm 时，化学胶结力基本丧失，转折点黏结强度 $\tau_{0.2}$ 为极限黏结强度的 60% 以上。由于推出破坏时混凝土具有较好的约束，型钢和混凝土界面能够发生较大的滑移而混凝土不被破坏，此阶段的黏结强度主要由摩擦力提供。

试验结束后，砸开试件发现隔离所用的透明胶带完好，说明用透明胶带处理无黏结区的方法是可行的。型钢表面残存着混凝土末屑，试件浇筑的下面未发现蜂窝、空洞现象，说明试件浇筑的质量良好。

3.1.3　极限黏结强度及影响因素

1. 极限黏结强度

极限黏结强度 f_u 即极限荷载时的平均黏结应力。由于型钢轻骨料混凝土的实际黏结应力沿锚固长度方向是变化的，因此在工程应用中，一般以极限黏结强度作为型钢轻骨料混凝土的黏结强度。

黏结强度是评判结构或构件是否发生黏结破坏的力学指标。国内外学者对型钢普通混凝土和轻骨料混凝土的黏结强度进行了较多研究，得出了黏结强度和混凝土强度之间存在线性关系的结论。

日本的坪井善腾给出钢板与混凝土间的黏结强度与混凝土的抗压强度 f_{cu} 成正比的关系表达式：

$$\tau_u = 0.02 f_{cu} \tag{3.2}$$

孙国良教授通过对 Roeder 的试验结果统计回归，得到了型钢混凝土在翼缘边长上的平均黏结强度和混凝土抗拉强度 f_t 的线性回归公式：

$$\tau_u = 0.564\,4 f_t \tag{3.3}$$

Eurocode 4 允许在钢筋混凝土构件中与截面最大尺寸相等的长度内沿截面周边采用自然黏结强度，其值不超过 0.5 MPa；日本规范允许沿构件长度范围内采用不超过 0.45 MPa 的黏结强度。

陆春阳教授通过试验得知，陶粒混凝土的锚固黏结力大于普通混凝土的锚固黏结力，给出了陶粒混凝土与螺纹钢筋的黏结强度表达式：

$$\tau_{u} = 6.45 f_{t} \qquad (3.4)$$

ACI 中指出轻骨料混凝土的极限黏结强度比普通混凝土低，相当于普通混凝土的 64%。

综上可知，由于材料的变异性、试验方法的不同和黏结机理的复杂性，黏结强度的变化规律是不容易掌握的，各国给出的黏结强度的下限也是不同的。因此，需要对型钢轻骨料混凝土的黏结强度进行深入分析，以期为型钢轻骨料混凝土黏结滑移性能的研究提供宝贵资料。

2. 黏结强度 $\bar{\tau}_{u}$ 相关因素图

国内外学者对型钢普通混凝土的黏结强度及相关因素进行了研究，影响黏结强度的主要因素为混凝土强度、保护层厚度、箍筋配箍率、相对锚固长度和型钢含钢率，各影响因素对黏结强度的影响规律还未取得一致结论。结合本试验结果，图 3.3 给出了极限荷载黏结强度 $\bar{\tau}_{u}$ 与相关因素图，其中 NC 表示型钢普通混凝土，LC 表示型钢轻骨料混凝土。

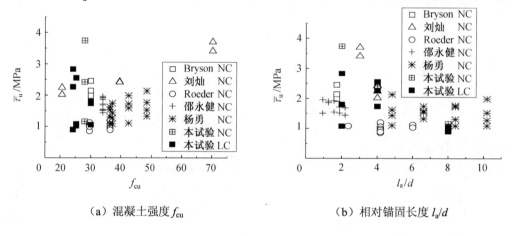

（a）混凝土强度 f_{cu} （b）相对锚固长度 l_{a}/d

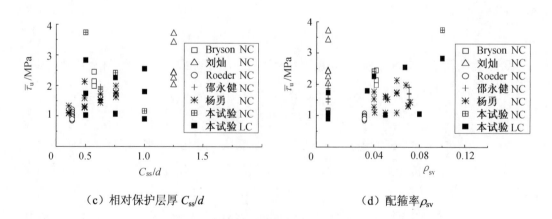

（c）相对保护层厚 C_{ss}/d （d）配箍率 ρ_{sv}

图 3.3　极限荷载黏结强度与相关因素图

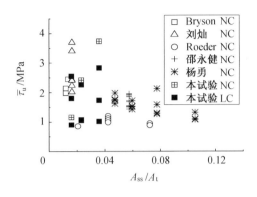

（e）型钢配钢率 ρ_{ss}

续图 3.3

由图 3.3 可知，由于各试件情况不同，黏结强度 $\bar{\tau}_u$ 离散性较大。但本试验和其他学者的研究均表明，相对锚固长度 l_a/d（l_a 为锚固长度，d 为型钢截面高度）和混凝土强度 f_{cu} 对 $\bar{\tau}_u$ 影响较显著：随混凝土强度提高，$\bar{\tau}_u$ 有增大趋势；随相对锚固长度增加，$\bar{\tau}_u$ 减小；增大箍筋配箍率可以增加试件后期抗滑移能力。因此，黏结强度的确定需要综合考虑各影响因素。需要注意的是，型钢轻骨料混凝土和普通混凝土黏结强度的下限均超过了 0.5 MPa。

3. 影响因素机理分析

（1）混凝土强度。

型钢混凝土构件的黏结破坏始于加载端型钢与混凝土之间的微小滑移，进而引发连接面上混凝土开裂、胶结滑脱，使其化学胶结力丧失，随后由摩擦阻力和机械咬合力承担界面剪力。实质上黏结破坏是界面剪力引起的主拉应力使混凝土开裂，而提高混凝土强度可提高其抗裂性能，因此，提高混凝土强度可提高其黏结强度。

（2）锚固长度。

随锚固长度增加，黏结强度 $\bar{\tau}_u$ 降低。锚固长度增大后，黏结应力分布不均匀，高黏结应力区主要在加载端，相对较短，低黏结应力区相对较长，因此，平均黏结应力降低。

（3）保护层厚度。

保护层厚度对型钢混凝土黏结强度的影响主要是通过其对型钢横向变形的约束作用来体现的。试验表明，在一定范围内，混凝土保护层厚度越厚，则对型钢的约束作用越强，在型钢与混凝土界面上形成的正应力及相应的摩擦阻力越大，从而黏结强度越高。当混凝土保护层厚度超过一定值后，试件黏结破坏时的表面裂缝不明显，黏结强度提高较少。

（4）配箍率。

配箍的试件在黏结滑移发生后，随着横向配箍率的提高，混凝土受到的约束作用得到加强，延缓了径向内裂缝向试件表面发展，从而提高了混凝土与型钢之间的摩擦力和机械咬合力，使其黏结强度相应提高。试件配箍后，避免了脆性的劈裂破坏，并对维持后期黏结强度、改善延性有明显的作用。

（5）型钢配钢率。

型钢配钢率为型钢面积与混凝土截面面积之比。随着型钢配钢率增大，周围混凝土对其包裹和约束作用减弱，并由于尺寸效应而减小了黏结强度。

除上述因素外，型钢表面状况、浇筑构件时型钢位置、加载方式等都对黏结强度有影响，本书试件未考虑这些因素的变化。

4. 影响因素正交分析

为判别各影响因素对极限黏结强度影响的重要性，对试验结果进行正交分析，见表3.2。其中，Ⅰ、Ⅱ、Ⅲ分别为各因素的水平。

表3.2　L系列试件试验结果正交分析

试件	C_1/mm	锚固长度 l_a/mm	f_{cu}/MPa	箍筋配置	$\overline{\tau}_u$/MPa
L1	Ⅰ/50	Ⅰ/200	Ⅰ/24.2	Ⅰ/ϕ8@100	2.83
L2	Ⅱ/75.5	Ⅱ/400	Ⅰ/24.2	Ⅱ/ϕ8@200	2.264
L3	Ⅲ/100	Ⅲ/800	Ⅰ/24.2	Ⅲ/无箍筋	0.9
L4	Ⅱ/75.5	Ⅰ/200	Ⅱ/25.3	Ⅲ/无箍筋	1.076
L5	Ⅲ/100	Ⅱ/400	Ⅱ/25.3	Ⅰ/ϕ8@100	2.548
L6	Ⅰ/50	Ⅲ/800	Ⅱ/25.3	Ⅱ/ϕ8@200	1.022
L7	Ⅲ/100	Ⅰ/200	Ⅲ/30	Ⅱ/ϕ8@200	1.8
L8	Ⅰ/50	Ⅱ/400	Ⅲ/30	Ⅲ/无箍筋	1.738
L9	Ⅱ/75.5	Ⅲ/800	Ⅲ/30	Ⅰ/ϕ8@100	1.053
Ⅰ平均值	1.863	1.902	1.998	2.144	
Ⅱ平均值	1.464	2.18	1.549	1.695	
Ⅲ平均值	1.749	0.99	1.530	1.238	
极差/MPa	0.11	0.91	0.468	0.906	

从极差的大小可以看出哪个因素对极限黏结强度的影响大，哪个因素对极限黏结强度的影响小。锚固长度对极限黏结强度的极差可以达到0.91 MPa，而保护层厚度对极限黏结强度的极差只有0.11 MPa。因此，锚固长度对平均极限黏结强度的影响最重要，其

次是箍筋配置，再次是混凝土强度，最后是保护层厚度。平均极限黏结强度的确定要优先考虑锚固长度、箍筋配置和混凝土强度的影响。

3.1.4 特征黏结强度回归计算公式

通过黏结强度各影响因素分析，根据9个标准推出试件和4个LH对比试件试验结果，可拟合出各特征黏结强度、特征滑移值计算表达式。

1. 劈裂破坏

$$\bar{\tau}_s = \left(\frac{0.03 + 3.78A_{ss}}{A_t + 0.1d/l_a}\right)f_t \tag{3.5}$$

$$\bar{\tau}_u = \left(\frac{0.142 + 0.156C_{ss}}{d + 0.65d/l_a}\right)f_t + 0.86\rho_{sv}f_{yv} \tag{3.6}$$

$$\bar{\tau}_r = \left(\frac{0.232 + 0.092C_{ss}}{d}\right)f_t + 0.575\rho_{sv}f_{yv} \tag{3.7}$$

$$S_u = 10.2 \times 10^{-4} l_a \tag{3.8}$$

$$S_r = 0.508 + 12.5 \times 10^{-4} l_a \tag{3.9}$$

式中，A_t 为横截面总面积；f_t 为混凝土抗拉强度（MPa）；ρ_{sv} 为配箍率；f_{yv} 为箍筋屈服强度。

2. 推出破坏

推出破坏特征黏结强度 $\bar{\tau}_s$、极限黏结强度 $\bar{\tau}_u$ 和劈裂破坏采用相同的计算公式，转折点黏结强度可用下式计算：

$$\bar{\tau}_{0.2} = (0.23 + 0.71d/l_a)f_t + 0.23\rho_{sv}f_{yv} \tag{3.10}$$

$$S_u = 2.3 + 74 \times 10^{-4} l_a \tag{3.11}$$

表3.3为A组试件特征黏结强度、特征滑移值计算值与试验值对比表。$\bar{\tau}_s^c$、$\bar{\tau}_{0.2}^c$、$\bar{\tau}_u^c$ 和 $\bar{\tau}_r^c$ 分别为初始滑移黏结强度计算值、转折点黏结强度计算值、极限黏结强度计算值和残余黏结强度计算值；S_u^c、S_r^c 分别为极限滑移计算值和残余滑移计算值。

根据比较结果可知：各特征黏结强度和滑移的试验值与计算值之比的平均值为92%～107%，由于影响黏结性能的因素复杂，按式（3.5）～（3.11）计算特征黏结强度和特征滑移是可行的。

表3.3 A组试件特征黏结强度和特征滑移值对比表

试件编号	$\bar{\tau}_s$/MPa	$\bar{\tau}_s^c$/MPa	$\dfrac{\bar{\tau}_s}{\bar{\tau}_s^c}$	$\bar{\tau}_{0.2}$/MPa	$\bar{\tau}_{0.2}^c$/MPa	$\dfrac{\bar{\tau}_{0.2}}{\bar{\tau}_{0.2}^c}$	$\bar{\tau}_u$/MPa	$\bar{\tau}_u^c$/MPa	$\dfrac{\bar{\tau}_u}{\bar{\tau}_u^c}$	$\bar{\tau}_r$/MPa	$\bar{\tau}_r^c$/MPa	$\dfrac{\bar{\tau}_r}{\bar{\tau}_r^c}$	S_u/mm	S_u^d/mm	$\dfrac{S_u}{S_u^c}$	S_r/mm	S_r^c/mm	$\dfrac{S_r}{S_r^c}$
L1	0.679	0.56	1.21	—	—	—	2.83	2.66	1.06	1.58	1.59	0.99	0.18	0.2	0.9	0.455	0.76	0.6
L2	0.283	0.31	0.91	—	—	—	2.264	1.84	1.23	0.962	1.05	0.92	0.975	0.4	2.4	1.942	1.06	1.83
L3	0.142	0.20	0.7	—	—	—	0.9	0.85	1.06	0.736	0.72	1.022	0.746	0.8	0.93	1.323	1.5	0.88
L4	0.2	0.32	0.63	—	—	—	1.076	1.32	0.82	0.476	0.53	0.9	0.11	0.2	0.55	1.01	0.76	1.33
L5	0.85	0.58	1.46	2.26	1.65	1.37	2.548	2.37	1.07	—	—	—	3.685	4.7	0.784	—	—	—
L6	0.34	0.43	0.8	0.68	1.01	0.67	1.022	1.5	0.7	—	—	—	8.783	8.2	1.07	—	—	—
L7	0.17	0.24	0.71	—	—	—	1.8	2.28	0.79	1.49	1.26	1.18	0.1795	0.2	0.9	0.436	0.76	0.6
L8	0.623	0.58	1.1	—	—	—	1.738	1.21	1.44	1.047	0.84	1.25	0.45	0.4	1.125	0.639	1.06	0.6
L9	0.142	0.2	0.71	0.68	0.86	0.79	1.053	1.42	0.74	—	—	—	7.63	8.2	1.065	—	—	—
平均值	$\overline{\bar{\tau}_s/\bar{\tau}_s^c}=0.92$			$\overline{\bar{\tau}_{0.2}/\bar{\tau}_{0.2}^c}=0.94$			$\overline{\bar{\tau}_u/\bar{\tau}_u^c}=0.99$			$\overline{\bar{\tau}_r/\bar{\tau}_r^c}=1.04$			$\overline{S_u/S_u^c}=1.07$			$\overline{S_r/S_r^c}=0.97$		

3.2 局部黏结强度

3.2.1 黏结应力分布试验曲线

平均黏结应力从总体上反映了在整个锚固区段内的黏结应力水平，不能反映不同位置黏结应力的情况。由实测的型钢表面应变和微段受力平衡可得型钢翼缘、腹板的黏结应力为

$$\tau_{f内}(x)=\tau_{f外}(x)=\tau_f(x)=\frac{\mathrm{d}\sigma_{sf}b_fh_f}{2\mathrm{d}xb_f}=\frac{E_s\mathrm{d}\varepsilon_{sf}h_f}{2\mathrm{d}x} \qquad (3.12)$$

$$\tau_w(x)=\frac{\mathrm{d}\sigma_{sw}b_wh_w}{2\mathrm{d}xh_w}=\frac{E_s\mathrm{d}\varepsilon_{sw}b_w}{2\mathrm{d}x} \qquad (3.13)$$

式中，$\tau_{f内}(x)$、$\tau_{f外}(x)$、$\tau_w(x)$分别为型钢翼缘内侧、外侧、腹板在锚固长度x处的黏结应力；$\mathrm{d}\sigma_{sf}$、$\mathrm{d}\sigma_{sw}$分别为型钢翼缘、腹板的正应力增量；$\mathrm{d}\varepsilon_{sf}$、$\mathrm{d}\varepsilon_{sw}$分别为型钢翼缘、腹板的正应变增量；$b_f$、$h_f$分别为型钢翼缘的宽度和平均厚度；$b_w$、$h_w$分别为型钢腹板的厚度和高度。

第2.4.5节的分析中，认为型钢翼缘和腹板在微段$\mathrm{d}x$内应力或应变的变化近似相等，因此，由式（3.12）和式（3.13）可得

$$\frac{\tau_{\mathrm{f}}}{\tau_{\mathrm{w}}} = \frac{h_{\mathrm{f}}}{b_{\mathrm{w}}} \qquad (3.14)$$

式（3.14）表明：沿锚固长度同一位置处，工字钢翼缘黏结应力与腹板黏结应力的比值为翼缘厚度与腹板厚度之比。对于 I 10，此比值为 1.7。

国内外学者对翼缘和腹板的局部黏结应力进行了研究，得到了一些结论：Roeder 在型钢混凝土黏结性能试验中认为黏结力主要由型钢翼缘贡献；孙国良教授在劲性混凝土柱端部轴力传递性能的试验研究中发现：腹板腔中的混凝土在极限荷载下都出现了与腹板的分离，但混凝土与翼板内侧的接触是紧密的，说明此面上摩擦剪力是存在的，型钢与混凝土之间的黏结力主要存在于型钢翼缘上；郑山锁在型钢混凝土黏结滑移性能的研究中忽略了腹板与混凝土的黏结强度；刘灿通过试验数据分析，认为翼缘外表面处的黏结应力为腹板处的 1.5 倍；张誉在型钢高强混凝土黏结性能的分析中认为翼缘的黏结应力是腹板处的 2 倍。

在本试验研究中，劈裂破坏试件的贯通裂缝只有一条或两条，砸开试件观察内部情况，发现未劈裂部位的型钢和混凝土之间还没有分离，未出现裂缝处的腹板和混凝土还存在着一定的黏结力，可推出破坏试件内部型钢和混凝土表面未完全分离。考虑到型钢腹板和混凝土有较大接触面积，而且型钢翼缘对内部混凝土有约束作用，此约束作用可增大型钢腹板与混凝土界面的摩擦力，因此完全忽略腹板与混凝土的黏结作用是不合理的。

图 3.4 为试件 L3 翼缘和腹板黏结应力沿锚固长度分布图。图中表明，随荷载增加，最大黏结应力有内移趋势；同一位置处翼缘内侧、外侧黏结应力近似相等，约为腹板黏结应力的 1.5 倍，随荷载增加这种现象更加明显。结合试验结果和分析，计算中翼缘外侧黏结应力与内侧黏结应力相等，取为腹板黏结应力的 1.5 倍，即

$$\tau_{\mathrm{f内}}(x) = \tau_{\mathrm{f外}}(x) = \tau_{\mathrm{f}}(x) = 1.5\tau_{\mathrm{w}}(x) \qquad (3.15)$$

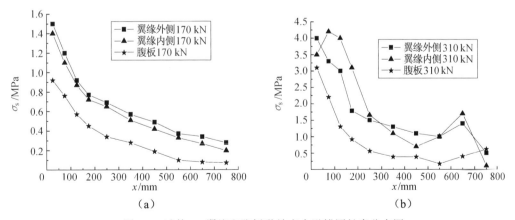

(a)　　　　　　　　　(b)

图 3.4　试件 L3 翼缘和腹板黏结应力沿锚固长度分布图

其他试件翼缘和腹板黏结应力的分布如图 3.5 所示。翼缘部位的局部黏结应力约为腹板的 1.5 倍，与试件 L3 相似。

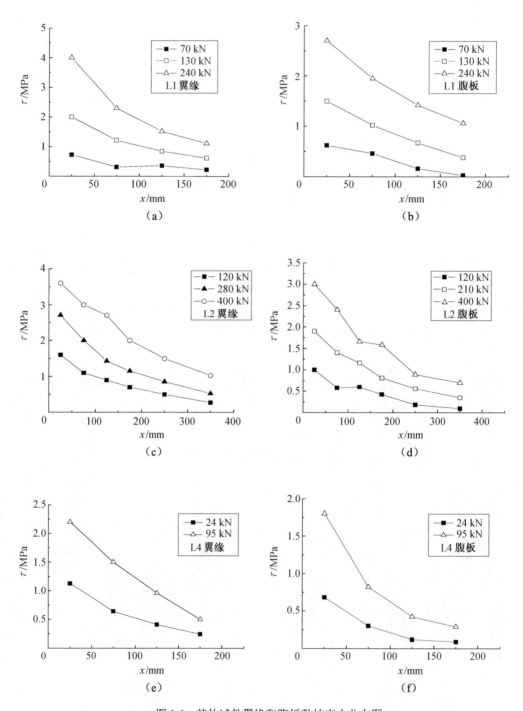

图 3.5　其他试件翼缘和腹板黏结应力分布图

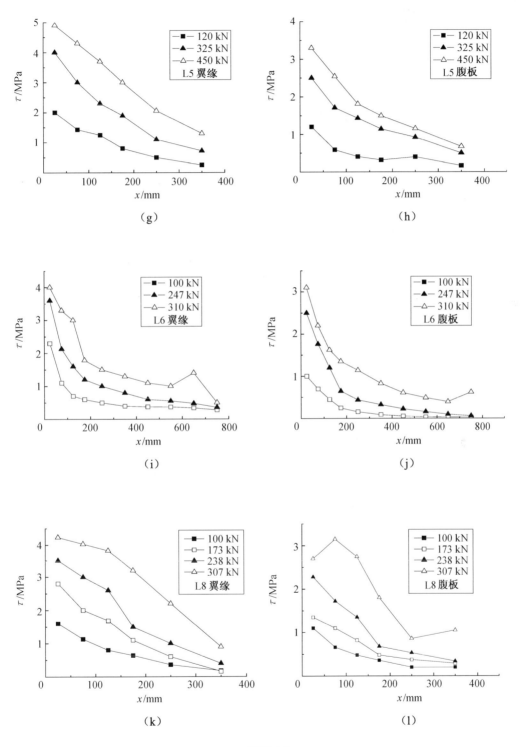

续图 3.5

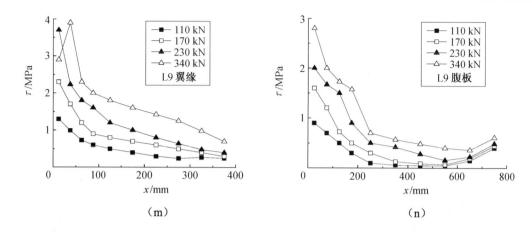

（m）　　　　　　　　　　　　（n）

续图 3.5

随着荷载增加，由于加载端黏结应力的破坏，对于锚长较长试件的最大黏结应力有内移趋势，试件 L3、L8 和 L9 较明显，其他试件不明显。

3.2.2　黏结应力分布拟合曲线

由式（3.12）可知

$$\tau_{\mathrm{f}}(x) = \frac{\mathrm{d}\sigma_{\mathrm{sf}}b_{\mathrm{f}}h_{\mathrm{f}}}{2\mathrm{d}xb_{\mathrm{f}}} = \frac{h_{\mathrm{f}}\mathrm{d}\sigma_{\mathrm{sf}}}{2\mathrm{d}x} \tag{3.16}$$

根据 2.4.5 节分析得出：翼缘应力和腹板应力沿锚固长度的变化相等，等于整个截面应力的变化，即

$$\frac{\mathrm{d}\sigma_{\mathrm{sf}}}{\mathrm{d}x} = \frac{\mathrm{d}\sigma_{\mathrm{sw}}}{\mathrm{d}x} = \frac{\mathrm{d}\sigma_{\mathrm{s}}}{\mathrm{d}x} \tag{3.17}$$

翼缘应力沿锚固长度的负指数函数分布为 $\sigma_{\mathrm{s}}(x) = \sigma_0\mathrm{e}^{-k_1x}$，代入式（3.16），可得

$$\tau_{\mathrm{f}}(x) = -\frac{h_{\mathrm{f}}}{2}k_1\sigma_0\mathrm{e}^{-k_1x} \tag{3.18}$$

同理可得腹板黏结应力沿锚固长度的分布函数：

$$\tau_{\mathrm{w}}(x) = -\frac{b_{\mathrm{w}}}{2}k_1\sigma_0\mathrm{e}^{-k_1x} \tag{3.19}$$

式中，k_1 为黏结应力指数特征值，其表达式见式（2.3）。

图 3.6 为不同荷载水平下黏结应力分布试验曲线和拟合曲线对比。

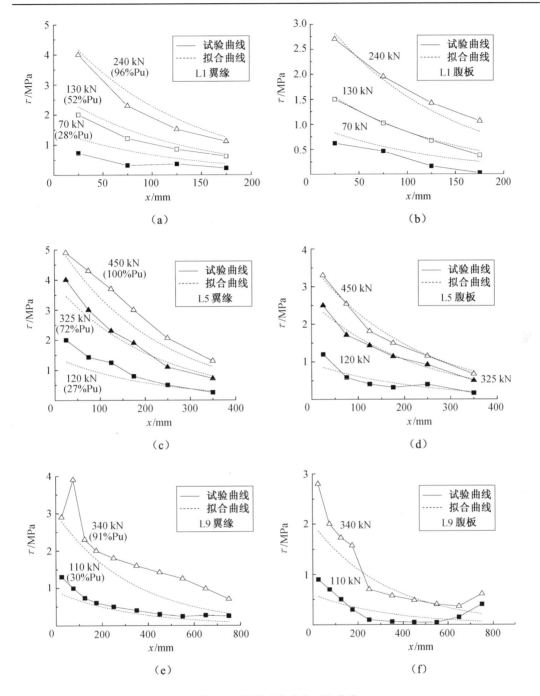

图 3.6　黏结应力分布对比曲线

黏结应力分布曲线表明，荷载较小时，试验曲线和拟合曲线吻合较好，当荷载接近极限荷载时，最大黏结应力有内移趋势，黏结应力分布比拟合曲线更显饱满，趋向直线分布，文献[49]和[76]有相似报道。

3.2.3 翼缘局部黏结应力最大值

1. 国内外研究

郑山锁在型钢混凝土黏结滑移性能的研究中发现：型钢混凝土的局部最大黏结应力为 3.91～4.15 MPa，试验中混凝土强度等级为 C30、C40、C50 和 C60；Bryson 在研究型钢表面状况对黏结应力的影响中得到局部最大黏结应力为 2～3.5 MPa，混凝土强度等级为 C30，其中经喷砂、自然锈蚀一个月后试件的局部最大黏结应力最高；张誉在型钢高强混凝土（80 MPa）的黏结性能试验中得到局部最大黏结应力为 8.42 MPa；陈月顺对轻骨料混凝土中变形钢筋黏结应力的分布进行了研究，得到轻骨料混凝土的局部最大黏结应力为 6～9 MPa，轻骨料混凝土 28 天的抗压强度为 23 MPa；郑山锁得到保护层厚度大于临界保护层厚度时，型钢翼缘局部最大黏结应力与混凝土抗拉强度的关系为

$$\tau_{bf} = 0.544 k_1 f_t^{1.5} \tag{3.20}$$

当保护层小于临界保护层厚度时，翼缘局部最大黏结应力为

$$\tau_{bf} = 0.272 k_1 f_t^{1.5} \left[1 + \frac{16}{f_t} \left(\frac{c_{min}}{b_f} \right)^2 \right] \tag{3.21}$$

式中，c_{min} 为 X、Y 两个方向保护层厚度的较小值；k_1 为型钢表面影响系数，对普通锈蚀状况型钢混凝土表面取为 1.0。

Charles W. Roeder 通过型钢混凝土的推出试验得出翼缘局部最大黏结应力 τ_{bf} 与混凝土圆柱体抗压强度 f_c' 的统计回归公式为

$$\tau_{bf} = 0.09 f_c' - 0.655 \tag{3.22}$$

文献[151]根据塑性极限理论推导了黏结强度上限解的数学表达式：

$$\tau = \frac{1}{\sqrt{3}} (\sigma_{s1} + \sigma_{s2}) \frac{\beta}{1+\beta} + \tau_s^0 \frac{1-\beta}{1+\beta} \tag{3.23}$$

该理论推导运用了较多的假设，这些假设的合理性还有待进一步验证。

以上研究反映出局部黏结应力最大值和混凝土强度、型钢表面状况、混凝土的约束等因素有关。确定局部黏结强度需考虑其主要影响因素，且其表达式宜简洁明了、便于应用。

2. 回归分析

根据黏结应力沿锚固长度的分布曲线，可得到局部黏结应力最大值。分析各试件局部黏结应力分布图可知：型钢与轻骨料混凝土腹板局部最大黏结应力为 1.8～3.6 MPa；翼缘局部最大黏结应力为 2.5～4.9 MPa。试验数据表明，型钢轻骨料混凝土局部黏结应

力最大值并不比普通混凝土低,试验数据的离散性较大。型钢翼缘局部黏结应力最大值 τ_{fmax} 与混凝土立方体抗压强度 f_{cu} 的关系如图 3.7 所示,本试验为轻骨料混凝土,其他为型钢普通混凝土,可给出二者的关系式:

$$\tau_{\text{fmax}} = 0.09 f_{\text{cu}} - 0.05 \tag{3.24}$$

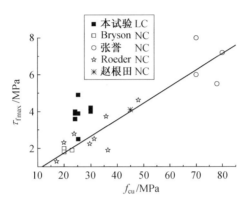

图 3.7　型钢翼缘局部最大黏结应力与 f_{cu} 关系图

本试验中试件 L4 没有箍筋,锚固长度为 200 mm,最小保护层厚度为 75 mm,混凝土立方体抗压强度 f_{cu}=25.3 MPa,局部最大黏结应力只有 2.5 MPa;试件 L5 箍筋为 $\phi8@100$,锚固长度为 400 mm,最小保护层厚度为 100 mm,混凝土立方体抗压强度为 f_{cu}=25.3 MPa,局部最大黏结应力为 4.9 MPa。试验结果表明,局部黏结应力最大值不仅和混凝土强度有关,而且和配箍率及保护层厚度有关。

考虑混凝土强度、配箍率和相对保护层厚度的影响后,对翼缘局部黏结应力最大值进行多元线性拟合,得出

$$\tau_{\text{fmax}} = 0.808\,39 + 0.071\,08 f_{\text{cu}} + 1.053\,27 \frac{c}{d} + 2.073\,55 \rho_{\text{sv}} \tag{3.25}$$

式(3.25)的计算结果和试验值之比的平均值为 1.01,均方差为 0.11。式(3.24)计算结果比试验值偏低,但随混凝土强度提高,计算值与试验值越接近,并且该式对型钢普通混凝土也适用。

3.2.4　局部黏结破坏荷载

以上分析表明,正常使用阶段中,型钢翼缘和腹板黏结应力分布为指数函数。当加载端局部黏结应力达到最大值时,型钢和轻骨料混凝土界面传递的黏结力就是局部黏结破坏荷载 P_{t},把翼缘和腹板黏结应力的分布函数沿锚固长度积分,即可得

$$P_{\text{t}} = \int_0^l 4b_{\text{f}} \tau_{\text{f}(x)} \mathrm{d}x + \int_0^l 2h_{\text{w}} \tau_{\text{w}(x)} \mathrm{d}x \tag{3.26}$$

把 $\tau_{\mathrm{w}} = \dfrac{2}{3}\tau_{\mathrm{f}}$ 和 $\tau_{\mathrm{f}(x)} = \tau_{\mathrm{f\,max}}\mathrm{e}^{-k_1 x}$ 代入式（3.26），积分可得

$$P_{\mathrm{t}} = \frac{\tau_{\mathrm{f\,max}}\left(4b_{\mathrm{f}} + \dfrac{4}{3}h_{\mathrm{w}}\right)}{k_1}(1 - \mathrm{e}^{-k_1 l}) \tag{3.27}$$

由式（3.24）和黏结应力指数特征值 k_1 表达式（2.3）可计算出各试件的局部黏结破坏荷载，见表 3.4。

表 3.4 试件局部黏结破坏荷载

试件	L1	L2	L3	L4	L5	L6	L7	L8	L9
k_1	0.007 06	0.005 62	0.002 7	0.007 06	0.005 62	0.002 7	0.007 06	0.005 62	0.002 7
P_{t} / kN	87.6	130	268	92	136.4	281	109	162	330
P_{t} / P_{u}	0.35	0.33	0.84	0.968	0.31	0.78	0.68	0.53	0.887

表 3.4 给出了各试件的局部黏结破坏荷载和其与极限荷载试验值的比值，比值大小主要与试件混凝土约束情况和锚固长度有关，无箍筋试件和锚固长度较长的试件比值较大。试件 L3、L4 和 L8 无箍筋，破坏突然，局部黏结破坏荷载占极限荷载的比例较高，超过 50%；试件 L3、L6 和 L9 锚固长度为 800 mm，局部黏结破坏荷载占极限荷载的比例超过了 75%；试件 L1、L2 和 L5 箍筋配置较多，锚固长度为 200 mm 或 400 mm，其局部黏结破坏荷载约为极限荷载的 30%。当加载端达到局部黏结应力最大值时，并不意味着试件被破坏。随着荷载增加，通过塑性内力重分布，最大黏结应力内移，锚固长度内黏结应力的分布不断趋向丰满，一直达到极限荷载。

3.3 N 系列试件黏结强度比较

型钢轻骨料混凝土（SRLC）和型钢普通混凝土（SRNC）对比试件 $\bar{\tau} / f_{\mathrm{cu}} - S_{\mathrm{L}}$ 实测曲线如图 3.8 所示，为消除混凝土强度影响，纵坐标采用相对黏结强度 $\bar{\tau} / f_{\mathrm{cu}}$。图中表明，型钢混凝土比型钢轻骨料混凝土具有更高的黏结强度和特征滑移值，上升段和下降段较 L 系列试件平缓，文献[12]也有类似报道。

表 3.5 给出了对比试件的相对特征黏结强度、特征滑移试验值，$\overline{L / N}$ 为型钢轻骨料混凝土与型钢混凝土特征值之比的平均值。试件 N3 发生的是推出破坏，未参与 $\bar{\tau}_{\mathrm{r}}$、S_{u}、S_{r} 的比值计算。计算结果表明，型钢轻骨料混凝土比型钢混凝土的相对特征黏结强度 $\bar{\tau}_{\mathrm{s}} / f_{\mathrm{cu}}$、$\bar{\tau}_{\mathrm{u}} / f_{\mathrm{cu}}$ 分别降低了 47.5%、9%；相对残余黏结强度 $\bar{\tau}_{\mathrm{r}} / f_{\mathrm{cu}}$ 增大了 19%；极限滑移 S_{u}、残余滑移 S_{r} 分别减小了 25.8%、44%。

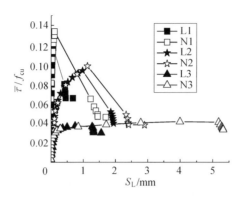

图 3.8　L 系列、N 系列试件对比图

表 3.5　L 系列、N 系列试件对比试验结果

试件编号	$\dfrac{\overline{\tau}_s}{f_{cu}}$	$\dfrac{\overline{\tau}_u}{f_{cu}}$	$\dfrac{\overline{\tau}_r}{f_{cu}}$	S_u/mm	S_r/mm
L1	0.028	0.117	0.065	0.12	0.455
N1	0.059	0.133	0.047	0.194	1.45
L2	0.012	0.094	0.04	0.975	1.942
N2	0.02	0.098	0.04	1.127	2.411
L3	0.006	0.037	0.03	0.746	1.323
N3	0.012	0.041	—	3.99	—
$\overline{L/N}$	0.525	0.91	1.19	0.742	0.56

3.4　LH 系列试件黏结强度比较

　　L5、LH 系列试件的荷载-滑移对比曲线如图 3.9 所示。设剪力连接件的 LH 系列试件的承载力均比未设剪力连接件的试件 L5 低，但极限滑移高。表 3.6 为 L5、LH 系列试件对比试验结果，$\overline{L5/LH}$ 为对比试件特征值之比的平均值。计算表明，靠自然黏结力的试件 L5 的初始滑移黏结强度 $\overline{\tau}_s$ 与极限黏结强度 $\overline{\tau}_u$ 分别相当于设置剪力连接件的试件的 2.94 倍和 1.12 倍；极限滑移 S_u 平均降低了 31%。剪力连接件的设置过早地使界面上产生了裂缝，加大了滑移。当界面滑移较小时，自然黏结力发挥作用；当相对滑移达到一定数值时，自然黏结力破坏，由剪力连接件传递剪力。因此，设计中需要型钢轻骨料混凝土界面传递剪力时，应单独考虑自然黏结力或剪力连接件传递剪力，不能对二者进行叠加。

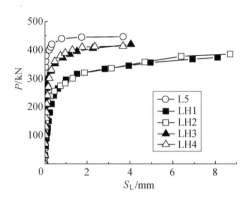

图 3.9　L5、LH 系列试件对比图

表 3.6　L5、LH 系列试件对比试验结果

试件编号	$\overline{\tau}_s$ /MPa	$\overline{\tau}_{0.2}$ /MPa	$\overline{\tau}_u$ /MPa	S_u/mm
L5	0.85	1.53	2.548	3.685
LH1	0.255	0.934	2.117	8.106
LH2	0.226	1.302	2.25	8.69
LH3	0.51	1.766	2.411	4.05
LH4	0.283	1.642	2.32	3.688
$\overline{L5/LH}$	2.94	—	1.12	0.69

3.5　临界锚固长度

3.5.1　临界锚固长度定义

锚固于混凝土中的型钢（型钢混凝土柱脚或简支梁端）可能发生两种破坏形态：型钢屈服或黏结锚固破坏。通过试验研究可知，如果适当增加锚固长度、配置适量箍筋、具有足够的保护层厚度则可以避免黏结劈裂破坏。在某一特定状态下，型钢屈服的同时发生黏结锚固破坏，此特定状态称为黏结锚固极限状态，此时的锚固长度定义为临界锚固长度 l_{cr}。极限状态时，界面上的黏结锚固力 P_u 与型钢截面的屈服力 P_{ys} 相等。黏结锚固力可由自然黏结力和机械锚固两部分提供，当仅考虑自然黏结力时，P_u 和 P_{ys} 分别由式（3.28）和式（3.29）计算：

$$P_u = \overline{\tau}_u (4b_f + 2h_w) l_{cr} \tag{3.28}$$

$$P_{ys} = f_{ys} A_{ss} \tag{3.29}$$

式中，f_{ys} 为型钢屈服强度设计值，计算中取翼缘和腹板屈服强度相等；$\bar{\tau}_u$ 为极限黏结强度平均值，按式（3.6）计算；A_{ss} 为型钢截面面积。

仅考虑自然黏结力的黏结锚固极限状态时，由 P_u 和 P_{ys} 相等可计算出临界锚固长度 l_{cr}。表 3.7 为各试件临界锚固长度计算值。

表 3.7　各试件临界锚固长度 l_{cr} 计算值

试件	L1	L2	L3	L4	L5	L6	L7	L8	L9
l_{cr}/mm	600	889	1 255	1 168	567	810	680	1 248	813

计算表明，随保护层厚度增加和混凝土强度提高，临界锚固长度减小；试件 L3、L4 和 L8 没有箍筋，临界锚固长度计算值较大；试件 L1、L5 和 L9 箍筋配置较多，临界锚固长度计算值较小。影响临界锚固长度的主要因素有型钢屈服强度、混凝土强度、保护层厚度和配箍率。

3.5.2　临界锚固长度系数及计算

实际工程中，期望有一个可参考的临界锚固长度，以充分发挥材料强度和界面黏结力。JGJ 138—2016 规定型钢的最小保护层厚度为 50 mm，根据式（3.28）和式（3.29），仅考虑自然黏结力做贡献时，可计算出不同型号型钢在不同配箍率、不同混凝土强度下的临界锚固长度 l_{cr}。为便于工程应用，引入型钢临界锚固长度系数 α_{ss}，令

$$l_{cr} = \alpha_{ss} \frac{f_{ys}}{f_t} h_f \tag{3.30}$$

式中，h_f 为工字钢翼缘厚度；f_t 为混凝土抗拉强度设计值。由 l_{cr} 可计算出 α_{ss}。表 3.8～3.10 为保护层厚度为 50 mm，采用 Q235 钢，配箍率分别为 0.2%、0.4% 和 0.6% 时型钢的临界锚固长度和临界锚固长度系数计算表。

表 3.8　配箍率为 0.2% 时的 l_{cr} 和 α_{ss} 计算表

工字钢型号	LC20		LC30		LC40		LC50	
	l_{cr}/mm	α_{ss}	l_{cr}/mm	α_{ss}	l_{cr}/mm	α_{ss}	l_{cr}/mm	α_{ss}
I 10	1 147	0.706	990	0.793	883	0.845	820	0.872
I 14	1 376	0.708	1 190	0.796	1 059	0.847	982	0.873
I 18	1 617	0.707	1 395	0.794	1 242	0.845	1 149	0.868
I 22b	2 057	0.783	1 786	0.884	1 591	0.941	1 477	0.971
I 25b	2 153	0.775	1 863	0.872	1 657	0.927	1 533	0.953
I 40C	2 703	0.8	2 314	0.89	2 037	0.938	1 878	0.957
I 50C	3 070	0.75	2 613	0.83	2 287	0.869	2 099	0.882
I 63C	3 177	0.71	2 666	0.77	2 299	0.8	2 087	0.8

表 3.9　配箍率为 0.4% 时的 l_{cr} 和 α_{ss} 计算表

工字钢	LC20		LC30		LC40		LC50	
型号	l_{cr}/mm	α_{ss}	l_{cr}/mm	α_{ss}	l_{cr}/mm	α_{ss}	l_{cr}/mm	α_{ss}
I 10	715	0.441	645	0.518	592	0.567	559	0.595
I 14	847	0.436	763	0.51	698	0.558	659	0.586
I 18	985	0.431	886	0.504	810	0.551	763	0.577
I 22b	1 248	0.475	1 125	0.557	1 031	0.610	976	0.642
I 25b	1 301	0.468	1 169	0.547	1 065	0.596	1 006	0.626
I 40C	1 618	0.48	1 437	0.554	1 300	0.6	1 218	0.62
I 50C	1 832	0.448	1 617	0.514	1 454	0.552	1 356	0.57
I 63C	1 891	0.42	1 645	0.48	1 457	0.5	1 344	0.51

表 3.10　配箍率为 0.6% 时的 l_{cr} 和 α_{ss} 计算表

工字钢	LC20		LC30		LC40		LC50	
型号	l_{cr}/mm	α_{ss}	l_{cr}/mm	α_{ss}	l_{cr}/mm	α_{ss}	l_{cr}/mm	α_{ss}
I 10	524	0.323	479	0.384	446	0.427	425	0.452
I 14	612	0.315	561	0.375	520	0.416	496	0.441
I 18	712	0.311	648	0.369	601	0.409	571	0.431
I 22b	895	0.341	821	0.406	763	0.45	726	0.477
I 25b	932	0.336	852	0.399	789	0.442	749	0.466
I 40C	1 155	0.342	1 042	0.401	955	0.44	901	0.459
I 50C	1 306	0.319	1 171	0.372	1 066	0.41	1 002	0.421
I 63C	1 346	0.3	1 189	0.35	1 066	0.37	991	0.38

计算结果表明，当采用 Q235 钢，混凝土保护层厚度为 50 mm 时，不同型号工字钢在相同的配箍率和混凝土强度下，锚固长度系数在某一数值范围内变化。利用式（3.30）就可以计算出临界锚固长度 l_{cr}。由表 3.8～3.10 可得出 α_{ss} 系数范围，见表 3.11，相同条件下 α_{ss} 在 I 22b～I 40C 之间取值稍大，其余工字钢取值稍小。

华中科技大学对型钢（角钢）埋入混凝土中试件进行了一系列抗拔破坏试验，建议了配有箍筋的角钢与 C15 混凝土的最小锚固长度计算公式，对 Q235 钢其锚固长度系数为 0.465 6，与本节配箍率为 0.4%、LC20 混凝土时的锚固系数取值一致。

表 3.11　α_{ss} 系数表

ρ_{sv}	LC20	LC30	LC40	LC50
0.2%	0.71~0.80	0.77~0.89	0.80~0.94	0.80~0.97
0.4%	0.42~0.48	0.48~0.56	0.50~0.61	0.51~0.64
0.6%	0.30~0.34	0.35~0.41	0.37~0.45	0.38~0.48

注：表中系数是采用 Q235 钢，混凝土保护层厚度为 50 mm 算得。

3.5.3　临界锚固长度影响因素

仅考虑自然黏结力时，影响临界锚固长度的因素有：混凝土强度、配箍率、保护层厚度、工字钢屈服强度和工字钢型号。

1. 混凝土强度

混凝土强度提高，平均极限黏结强度提高，临界锚固长度减小，而临界锚固长度系数增大。图 3.10 和图 3.11 给出了不同混凝土强度下 I 18 的临界锚固长度计算值和临界锚固长度系数，其他型号工字钢的规律相同。当配箍率较小时，随混凝土强度提高，临界锚固长度减小较快；当配箍率较大时，随混凝土强度提高，临界锚固长度减小速度减慢。

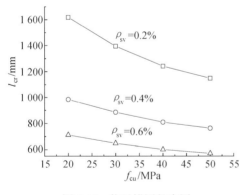
图 3.10　临界锚固长度图

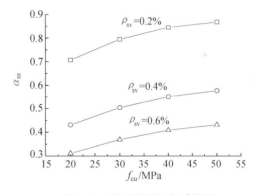
图 3.11　临界锚固长度系数图

2. 配箍率

图 3.10 和图 3.11 同时表明，随配箍率增加，临界锚固长度和临界锚固长度系数均明显减小，特别是表 3.7 中无箍筋试件的临界锚固长度偏大。实际工程中，型钢混凝土构件的配箍率一般为 0.2%~1.2%。本试验发现增大配箍率可以提高型钢轻骨料混凝土的极限黏结强度和延性，使临界锚固长度减小。相关研究认为增大配箍率对极限黏结强度影响不大，但对于型钢轻骨料混凝土而言，本试验建议在不影响其施工方便的条件下，配箍率不宜过小，宜大于 0.4%。

3. 保护层厚度

增加保护层厚度可提高极限黏结强度，从而使临界锚固长度和临界锚固长度系数都减小。表 3.12 给出了采用 Q235 钢，保护层厚度为 100 mm 和 200 mm 时的 α_{ss} 系数表。

表 3.12 α_{ss} 系数表

保护层厚度	ρ_{sv}	LC20	LC30	LC40	LC50
100 mm	0.2%	0.62~0.77	0.68~0.85	0.72~0.89	0.73~0.91
	0.4%	0.41~0.47	0.47~0.54	0.50~0.58	0.50~0.60
	0.6%	0.30~0.34	0.34~0.39	0.36~0.43	0.37~0.45
200 mm	0.2%	0.50~0.71	0.53~0.78	0.55~0.81	0.56~0.82
	0.4%	0.35~0.45	0.39~0.51	0.42~0.55	0.43~0.56
	0.6%	0.27~0.33	0.30~0.38	0.34~0.41	0.35~0.43

注：表中系数是采用 Q235 钢算得。

由表可知，随着保护层厚度增加，型钢临界锚固长度系数减小。 I 40C 临界锚固长度系数随保护层厚度和配箍率的变化如图 3.12 所示。随配箍率增加，保护层厚度对临界锚固长度系数取值影响减小。不仅 α_{ss} 浮动范围变小，而且在相同混凝土强度等级时，三种保护层厚度下 α_{ss} 取值更加接近。因此，当配箍率较大（大于 0.6%）时，增加保护层厚度对临界锚固长度意义不大，其他型号工字钢的规律相同。

4. 工字钢屈服强度

本章探讨的临界锚固长度是针对 Q235 钢而言的，当钢材屈服强度设计值提高时，临界锚固长度增加。采用 Q345 钢时，型钢锚固长度系数 α_{ss} 变化不大，较表 3.11 平均值仅增大 0.02。

5. 工字钢型号

计算结果表明，工字钢型号对临界锚固长度系数 α_{ss} 影响不大，但随工字钢尺寸增大，临界锚固长度增大。

根据以上试验结果，确定了临界锚固长度的取值，分析了其影响因素及规律。由于极限黏结强度的获得是由试验结果回归而来，试验中采用的是 I 10，对于截面尺寸较大的工字钢，有待进一步试验验证。

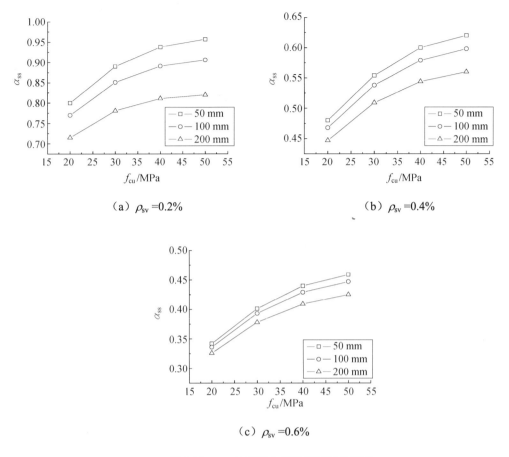

（a）$\rho_{sv} = 0.2\%$ （b）$\rho_{sv} = 0.4\%$

（c）$\rho_{sv} = 0.6\%$

图 3.12 α_{ss} 与混凝土保护层厚度关系图

3.5.4 锚固长度取值探讨

临界锚固长度 l_{cr} 是一种理想状态，如果在此长度范围内黏结应力能有效传递，那么材料强度就能够被充分利用。但是，对于锚固长度很长的构件，黏结应力不能有效传递到自由端，当荷载足够大时，加载端可能由于黏结失效而破坏。所以，黏结应力是在一定长度内有效传递的，当超过这个长度时，即使增加锚固长度对黏结锚固力也不会有大的提高。各国规范对型钢混凝土黏结应力的传递长度有不同规定：欧洲国家规范允许在与截面最大尺寸相等的长度内利用自然黏结强度，其值不超过 0.5 MPa；日本规范允许在整个构件长度内利用不超过 0.45 MPa 和 0.2 f_c' 的黏结强度；美国学者 Roeder 认为在 2 倍型钢高度的长度范围内黏结应力呈三角形分布，并给出了具有 95%保证率的端部最大黏结应力；我国学者肖季秋建议实际工程中工字钢锚固长度取型钢自身断面高度。由此可见，各国规范对黏结应力有效传递长度的取值，差别还是很大的。

本试验的黏结应力分布规律表明，随锚固长度增加，黏结应力逐渐减小，呈负指数函数分布，x 截面处黏结应力 $\tau(x)$ 与加载端黏结应力 $\tau(0)$ 之比为

$$\frac{\tau(x)}{\tau(0)} = e^{-k_1 x} \qquad (3.31)$$

k_1 的取值范围为 0.002 3~0.008，随锚固长度增加，此比值越来越小。当 k_1 取 0.002 3，x 取 2 000 mm 时，比值已经降低到 0.01。即距离加载端 2 000 mm 截面处的黏结应力约为加载端截面黏结应力的 1%，那么超过 2 000 mm 的锚固段对黏结力的贡献可以忽略不计。

表 3.8~3.10 表明：当采用 Q235 钢，混凝土保护层厚为 50 mm，配箍率为 0.6%时，不同混凝土强度等级和工字钢的临界锚固长度范围为 425~1 346 mm；配箍率为 0.4%时，范围为 559~1 891 mm；配箍率为 0.2%时，范围为 820~3 177 mm。

由以上结果可以看出，只靠自然黏结作用来传递剪力所需的传递长度较长，很难满足实际工程的要求，而且在临界传递长度内的加载端可能会由于黏结失效而先破坏，因此实际传递长度更不宜过长，否则将影响到工程的可靠度。实际工程中，可根据需要在节点区的型钢上设置内隔板或栓钉等构造措施，以保证梁端或柱脚剪力的有效传递。

综合临界锚固长度影响因素，从黏结应力临界锚固长度的经济适用角度出发，型钢轻骨料混凝土构件的配箍率不宜过低，建议不低于 0.4%，保护层厚度建议不小于 50 mm。那么考虑自然黏结力时，建议型钢轻骨料混凝土构件锚固长度 l_a 的合理取值范围为

$$d \leqslant l_a \leqslant l_{cr} \text{ 且 } l_a \leqslant 2\ 000\ \text{mm} \qquad (3.32)$$

式中，d 为型钢截面高度。建议尺寸较大工字钢（超过Ⅰ40）配箍率应大于 0.4%，保护层厚度适当增大。

通过 3.4 节型钢翼缘外侧焊剪力连接件试件黏结强度的分析，当在有效锚固长度内的自然黏结力满足承载力的要求时，可以不设置剪力连接件。

3.6 本章小结

本章主要探讨了型钢轻骨料混凝土的平均黏结强度、局部黏结应力、临界锚固长度 l_{cr} 取值和 N 系列对比试件及 LH 系列试件的黏结强度，主要结论如下：

（1）绘制了平均黏结应力-加载端滑移曲线，根据试验结果拟合了特征黏结强度和特征滑移计算表达式，计算结果和试验结果吻合较好。

（2）分析了平均极限黏结强度 $\overline{\tau}_u$ 的影响因素。锚固长度对其值影响最大，配箍率、混凝土强度和保护层厚度其次。

（3）绘制了局部黏结应力沿锚固长度的试验曲线，并给出了拟合曲线，拟合曲线与试验曲线吻合较好。随荷载增加，局部最大黏结应力内移，黏结应力分布曲线更趋丰满。

（4）分析了翼缘部位局部最大黏结应力取值和混凝土立方体抗压强度的关系，计算了局部黏结破坏荷载。结果表明，无箍筋试件和锚固长度较长试件的局部黏结破坏荷载

占极限荷载的比例较大。

（5）型钢轻骨料混凝土极限黏结强度、极限滑移、残余滑移均较普通混凝土小，其荷载-滑移曲线的下降段较普通混凝土陡。相同试验条件下，型钢轻骨料混凝土极限黏结强度为型钢普通混凝土的 90% 左右。

（6）剪力连接件的设置降低了黏结强度，增大了极限荷载滑移。当自然黏结力有保证时，可不设剪力连接件；当自然黏结力不满足时，可单独考虑剪力连接件抗剪。剪力连接件的设置不宜过密，宜垂直于型钢翼缘焊接。

（7）结合试验结果探讨了仅考虑自然黏结力时型钢（工字钢）轻骨料混凝土临界锚固长度的取值及影响因素。通过引入临界锚固长度系数 α_{ss}，用公式

$$l_{cr} = \alpha_{ss} \frac{f_{ys}}{f_t} h_f$$

来计算临界锚固长度。影响临界锚固长度和临界锚固长度系数的主要因素是配箍率，其次是混凝土强度和保护层厚度。为保证黏结应力有效传递，建议型钢轻骨料混凝土构件的配箍率不宜低于 0.4%，构件锚固长度 l_a 的合理取值范围为 $d \leqslant l_a \leqslant l_{cr}$ 且 $l_a \leqslant 2\,000\,\text{mm}$。

第4章 黏结滑移本构关系

型钢轻骨料混凝土黏结滑移本构关系指型钢和轻骨料混凝土连接面上的纵向剪应力 τ 和纵向相对滑移 S 之间的相互关系，即 τ-S 关系曲线。黏结滑移本构关系是非线性有限元分析的关键点。本章根据试验结果建立了平均黏结应力 $\bar{\tau}$ 和加载端滑移 S_L 之间的本构关系，确定了平均黏结滑移刚度。由于型钢混凝土黏结滑移刚度随锚固位置发生变化，因此，需要了解黏结应力和局部滑移沿锚固长度的分布规律。在第 3 章黏结应力分布曲线的基础上，本章综合试验结果和弹性理论分析研究了局部滑移沿锚固长度的分布规律和分布函数，从而建立了考虑位置变化的黏结滑移本构关系，给出了位置函数 $\psi(x)$ 的表达式。由于加载端附近的点经历了完整的黏结滑移发展过程，据此，给出了局部黏结滑移关系。最后讨论了黏结滑移极限荷载。

4.1 基本本构关系

平均黏结应力 $\bar{\tau}$ 和相对滑移 S 的关系通常称为黏结滑移基本本构关系。本章采用加载端滑移来建立型钢轻骨料混凝土黏结滑移基本本构关系。

4.1.1 本构关系模型

国内外学者对钢-混凝土黏结强度及影响因素的研究较多，相对而言，对钢-混凝土黏结滑移本构关系的研究较少。根据相关资料，本书对钢-混凝土的 $\bar{\tau}$-S 本构关系模型进行了总结，现分述如下。

1. 多项式模型

相关文献通过试验研究拟合了平均黏结应力 $\bar{\tau}$ 和相对滑移 S 之间的曲线关系，均符合多项式函数。

Saeed M. Mirza 和 Jules Houde 建议了钢筋混凝土平均黏结滑移的本构关系曲线为一个四次多项式：

$$\bar{\tau} = 1.95 \times 10^6 S - 2.35 \times 10^9 S^2 + 1.39 \times 10^{12} S^3 - 0.33 \times 10^{15} S^4 \qquad (4.1)$$

其试验结果和曲线拟合结果如图 4.1（a）所示。邵永健在试验研究的基础上拟合了型钢混凝土的黏结滑移曲线，为一个三次多项式，曲线如图 4.1（b）所示。

$$\bar{\tau} = 0.833 + 1.377\,S - 0.722\,S^2 + 0.087\,S^3 \qquad (4.2)$$

图 4.1（c）为轻骨料混凝土的 $\bar{\tau}$ -S 试验曲线，同样符合多项式关系。

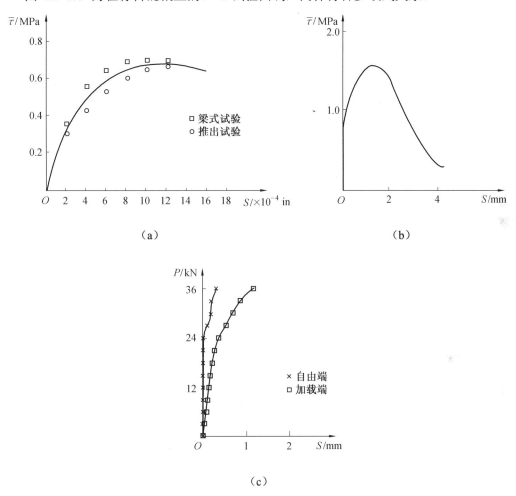

（a）

（b）

（c）

图 4.1 多项式模型

2. 折线段模型

一些文献对钢筋混凝土推出试件的黏结滑移性能进行了分析，提出了两种破坏模式下的平均黏结应力和滑移之间的曲线关系，如图 4.2（a）、图 4.2（b）所示。图 4.2（a）为拔出破坏模式下的平均黏结应力-滑移曲线，只有一个上升段；图 4.2（b）为劈裂破坏模式下的平均黏结应力-滑移曲线，分为上升段、下降段和收敛段三个阶段。折线段方程由 $\bar{\tau}$ -S 曲线特征点取值控制。

相关文献对劲性混凝土的黏结滑移性能进行了试验研究，提出了整个 $\bar{\tau}$-S 曲线可分为无滑移段、上升段和下降段，如图 4.2（c）所示（1~6 指为不同试件编号）。同理，折线段方程由曲线特征点控制。

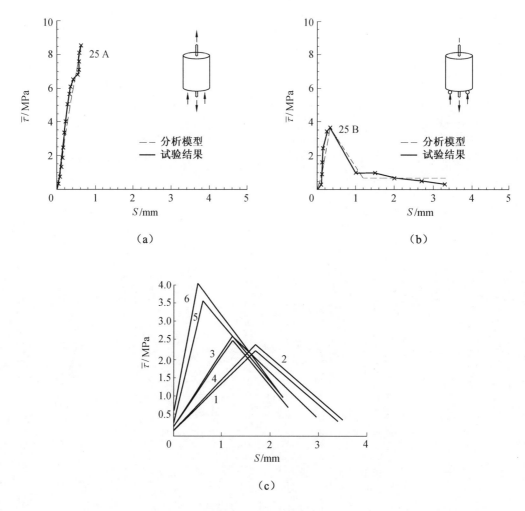

（a）　　　　　　　　　　　　　　　（b）

（c）

图 4.2　折线段模型

3. 双曲线模型

一些文献给出了普通钢筋混凝土、钢筋轻骨料混凝土和型钢混凝土的黏结滑移 $\bar{\tau}$-S 曲线或方程。普通钢筋混凝土、钢筋轻骨料混凝土和型钢混凝土的黏结滑移曲线均可以用双曲线来表示，如图 4.3 所示。

杨勇给出了型钢混凝土黏结滑移本构关系模型，如图 4.3（a）所示；David W. Mitchell 通过试验给出了不同钢筋直径下高强轻质混凝土的黏结滑移关系曲线，如图 4.3（b）所示。

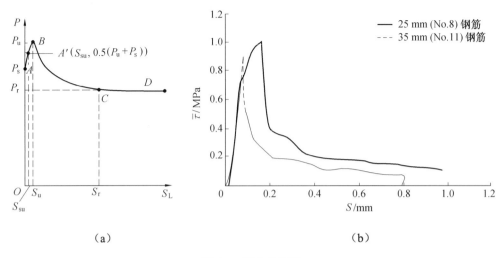

（a）　　　　　　　　　　　　　（b）

图 4.3　双曲线模型

4. 组合函数模型

Charles W. Roeder 根据试验结果给出了型钢混凝土典型的荷载–滑移曲线，如图 4.4（a）所示，曲线的上升段可以用幂函数来表示，下降段近似是直线；李红在试验研究的基础上，建立了型钢混凝土的黏结滑移本构关系模型，共分为四段，每一段可用不同的函数来表示，如图 4.4（b）所示；M. H. Harajli 由试验结果导出了钢筋混凝土局部黏结应力和滑移的本构关系，其上升段可用幂函数来表达，下降段可用线性函数来表达，如图 4.4（c）所示。

由前人的研究分析可知，合理的黏结滑移本构关系模型必须建立在试验研究的基础上，根据黏结滑移破坏的性质和试验曲线走势来选择合适的函数模型，由试验数据进一步给出理想的曲线，以期达到简便实用的目的。

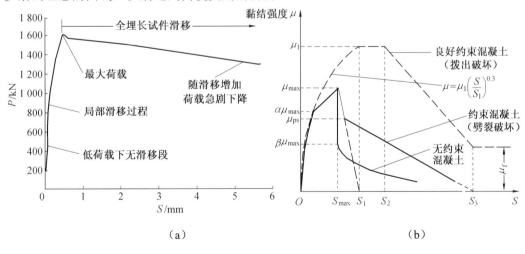

（a）　　　　　　　　　　　　　（b）

图 4.4　组合函数模型

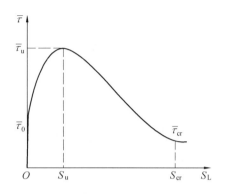

（c）

续图 4.4

4.1.2 本构关系数学模型

平均黏结应力 $\bar{\tau}$ 与加载端滑移 S_L 之间的关系可表达为

$$\bar{\tau} = f(S_L) \tag{4.3}$$

由平均黏结应力-滑移试验曲线可知，轻骨料混凝土的曲线分段较陡，因此上升段适合用幂函数或折线段模型，下降段用直线段模型。根据本次试验结果，试件发生的破坏模式有劈裂破坏和推出破坏，下面分别建立这两种破坏形式的本构关系模型。

1. 推出破坏

推出破坏模式的力学模型如图 4.5 所示。

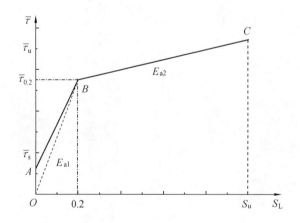

图 4.5　推出破坏模式的力学模型图

黏结应力表达式为

OA 段（无滑移段）：

$$S_L = 0 \quad (0 \leqslant \bar{\tau} \leqslant \bar{\tau}_s) \tag{4.4}$$

AB 段（上升段）：

$$\bar{\tau} = \bar{\tau}_s + \frac{\bar{\tau}_{0.2} - \bar{\tau}_s}{0.2} S_L \quad (0 < S_L \leqslant 0.2) \tag{4.5}$$

BC 段（大滑移段）：

$$\bar{\tau} = \bar{\tau}_{0.2} + \frac{\bar{\tau}_u - \bar{\tau}_{0.2}}{S_u - 0.2}(S_L - 0.2) = \bar{\tau}_{0.2} + E_{a2}(S_L - 0.2) \quad (0.2 \leqslant S_L \leqslant S_u) \tag{4.6}$$

$$\bar{\tau} = 0 \quad (S_L > S_u) \tag{4.7}$$

为简化应用，折线段 OAB 可用 OB 斜线段代替，则推出破坏数学模型为

OB 段（上升段）：

$$\bar{\tau} = E_{a1} S_L \quad (0 \leqslant S_L \leqslant 0.2) \tag{4.8}$$

BC 段（大滑移段）：

$$\bar{\tau} = E_{a2} S_L + 0.2 E_{a1} - 0.2 E_{a2} \quad (0.2 \leqslant S_L \leqslant S_u) \tag{4.9}$$

$$\bar{\tau} = 0 \quad (S_L > S_u) \tag{4.10}$$

此处

$$E_{a1} = \frac{\bar{\tau}_{0.2}}{0.2}, \quad E_{a2} = \frac{\bar{\tau}_u - \bar{\tau}_{0.2}}{S_u - 0.2} \tag{4.11}$$

2. 劈裂破坏

劈裂破坏模式的力学模型如图 4.6 所示。

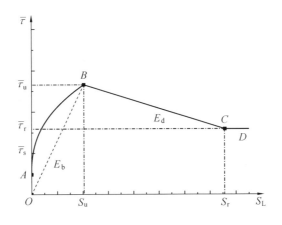

图 4.6　劈裂破坏模式的力学模型

本构关系数学模型为

OA 段（无滑移段）：

$$S_L = 0 \quad (0 \leqslant \overline{\tau} \leqslant \overline{\tau}_s) \tag{4.12}$$

AB 段（上升段）：

$$\overline{\tau} = \overline{\tau}_s + (\overline{\tau}_u - \overline{\tau}_s)\left(\frac{S_L}{S_u}\right)^{0.4} \quad (0 < S_L \leqslant S_u) \tag{4.13}$$

BC 段（下降段）：

$$\overline{\tau} = \overline{\tau}_u - \frac{\overline{\tau}_u - \overline{\tau}_r}{S_r - S_u}(S_L - S_u) = \overline{\tau}_u + E_d(S_L - S_u) \quad (S_u \leqslant S_L \leqslant S_r) \tag{4.14}$$

CD 段（残余段）：

$$\overline{\tau} = \overline{\tau}_r \quad (S_L \geqslant S_r) \tag{4.15}$$

上升段幂函数曲线段 OAB 也可用直线段 OB 代替，则本构模型简化为

$$\overline{\tau} = E_b S_L \quad (0 \leqslant S_L \leqslant S_u) \tag{4.16}$$

$$\overline{\tau} = E_d S_L + E_b S_u - E_d S_u \quad (S_u \leqslant S_L \leqslant S_r) \tag{4.17}$$

$$\overline{\tau} = \overline{\tau}_r \quad (S_L \leqslant S_r) \tag{4.18}$$

此处

$$E_b = \frac{\overline{\tau}_u}{S_u}, \quad E_d = \frac{\overline{\tau}_r - \overline{\tau}_u}{S_r - S_u}$$

4.1.3 拟合曲线与实测曲线对比

根据第 3 章拟合的特征黏结强度、特征滑移值，即可绘出各试件本构关系图，标准化后和实测曲线对比，如图 4.7 所示。

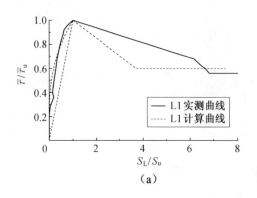

（a）

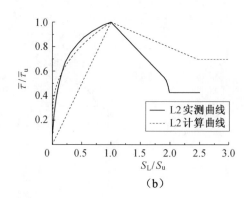

（b）

图 4.7 黏结-滑移曲线实测值与计算值对比

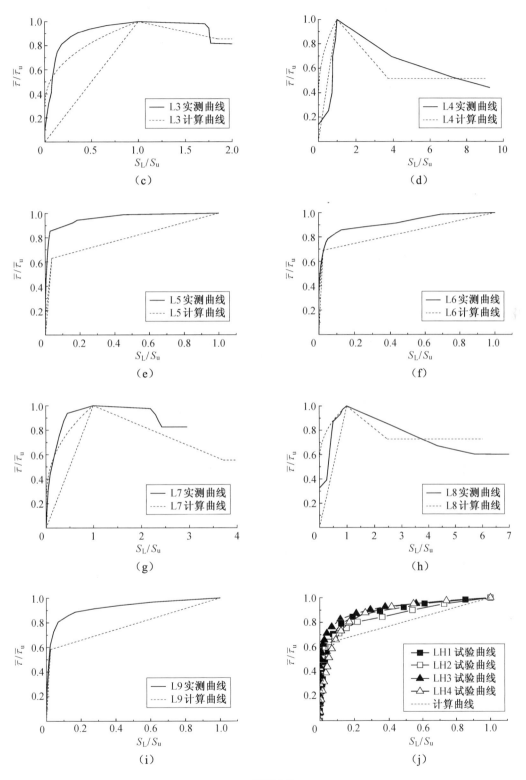

续图 4.7

图 4.7 中曲线表明，整个上升段取两段函数来描述本构关系的模型和实测曲线吻合更好，单直线上升段模型较为保守。说明可以用式（4.4）～（4.18）来模拟型钢轻骨料混凝土黏结滑移全过程。

4.2 局部滑移试验曲线

4.2.1 局部滑移确定方法

型钢和混凝土界面的局部滑移在其内部，而且本身量值很小，很难准确量测，因此局部滑移量是本试验的一个要点。局部滑移量的获取方法有直接法和间接法：直接法采用磁控电阻器、滑移计等内置元件直接测得型钢或钢筋与混凝土表面的滑移值；间接法采用位移计或粘贴应变片的方法来推算滑移值或采用理论和试验相结合的方法来确定滑移分布函数。

1. 直接法测局部滑移

Brant J. Lahnert 和 Jules Houde 使用磁控电阻器来测量钢筋和混凝土间的相对滑移，磁控电阻器把埋置在钢筋中的线圈磁通密度的变化转换成电压的变化，从而由输出电压的变化得到滑移。

西安建筑科技大学的杨勇和南京理工大学的范进采用了内置式钢-混凝土电子滑移传感器来测量界面滑移，其原理与电子百分表原理完全一致。

东南大学在钢筋与混凝土黏结滑移性能试验中采用了橡胶作为弹性元件的滑移传感器。

通常直接法采用的内置元件具有一定体积，试验中必须固定其位置。由于滑移计的非对称布置对构件的裂缝分布、受力性能和变形性能必定产生影响，测量方法和测量精度也受到很多因素的干扰，并且设置复杂、价格较贵。因此，本试验采用间接法来推算局部滑移值。

2. 间接法测局部滑移

钢和混凝土沿交界面在任一荷载下、任一位置处的黏结滑移可以由钢和混凝土位移的差分间接得到，而钢和混凝土的位移函数可由应变函数的积分得到。从黏结-滑移本构关系建立的方法来看，局部滑移的确定有五种方法，分述如下。

（1）端部平均滑移。

早期的钢和混凝土黏结滑移性能试验是在试件的一端（加载端）或两端（加载端与自由端）放置位移计，得到加载端或自由端滑移，以加载端滑移或加载端与自由端滑移的平均值作为试件的平均滑移，从而建立黏结应力-平均滑移本构关系。这种方法直到现在仍被使用。

（2）理论和试验相结合。

Homayoun H. Abrishami 和 Denis Mitchell 从理论上推导了钢筋混凝土黏结滑移控制微分方程：

$$\frac{\mathrm{d}^2\delta}{\mathrm{d}x^2} - k_s u = 0 \qquad (4.19)$$

式中，u、δ 分别为锚固深度 x 截面处的局部滑移和滑移。

$$k_s = \frac{4(1 + n\rho)}{d_b E_s}$$

式中，n 为钢筋弹性模量 E_s 与混凝土弹性模量 E_c 的比值；ρ 为钢筋截面面积与混凝土截面面积的比值；d_b 为钢筋截面直径。

根据试验结果和边界控制条件可解得方程，从而得到局部滑移 u 沿锚固长度 x 的分布函数。

浙江大学的赵羽习和 Somayaji 采用类似的方法得到了黏结应力和局部滑移的解析表达式，进而得到黏结滑移本构关系。

（3）混凝土中埋应变计。

Nison 通过在钢筋附近（13 mm）的混凝土中埋应变计，钢筋内贴应变片的方法得到两者的应变，然后通过积分计算得出了与位置有关的黏结滑移本构关系。由于随离开钢筋表面的距离增大，混凝土的纵向变形急剧减小，因此，这样求得的相对滑移并不代表钢筋与混凝土接触面处的相对滑动。

（4）混凝土截面平均应变修正系数法。

徐有邻和张伟平根据微段的平衡条件计算出混凝土截面的平均压应力，进而求出平均压应变 $\bar{\varepsilon}_c$，而界面处混凝土应变则需要乘以一个混凝土应变不均匀系数 γ_c，γ_c 由实测的加载端滑移 S_L 和自由端滑移 s_f 按下式调整取用：

$$S_L = s_f + \sum_{i=1}^{n}(\Delta l_{si} - \gamma_c \Delta l_{ci}) \qquad (4.20)$$

根据徐有邻试验实测资料可知，γ_c 变动范围很大，随受力阶段不同，其平均值为 2.0 左右；张伟平试验资料显示，混凝土应变不均匀系数 $\gamma_c = 1.0$；Edwards 试验研究表明，截面的混凝土平均应变等于界面处混凝土应变乘以一个混凝土应变不均匀系数 ψ，$\psi = 0.75$，即界面处混凝土应变是截面平均应变的 1.33 倍。

（5）混凝土外表贴应变片修正系数法。

郑晓燕通过在混凝土表面贴应变片，同时引入界面应变与外表面应变不均匀系数 β_{ci} 来计算微段 Δl_i 内与钢筋交界处混凝土的伸长量 Δl_{ci}。

$$\Delta l_{ci} = \beta_{ci}\varepsilon_{cio}\Delta l \qquad (4.21)$$

式中，ε_{cio} 为各级荷载作用下沿不同锚固深度处混凝土表面各测点的应变。

系数 β_{ci} 可由实测的混凝土应变、钢筋应变及修正系数 η_i 来计算，并应满足加载端和自由端的实测滑移。此法系数 β_{ci} 计算过于复杂，不实用。

3. 本书改进方法

本书采用在混凝土表面贴应变片进而推算界面滑移的方法，通过在型钢翼缘外侧、内侧、腹板处连续布置内置式钢-混凝土电子滑移传感器，测得各试件的型钢翼缘外侧滑移 $s_{f外}(x)$、内侧滑移 $s_{f内}(x)$ 和腹板滑移 $s_w(x)$ 的分布。由实测结果得出结论：$s_{f外}(x)$、$s_{f内}(x)$ 和 $s_w(x)$ 分布接近，在计算和分析中可以认为是相同的。

前面 2.4.6 节的试验结果表明，与翼缘和腹板对应位置处混凝土表面的应变近似相等。因此，本书假定

$$s_{f外}(x)=s_{f内}(x)=s_w(x) \qquad (4.22)$$

（1）局部滑移公式。

根据相对滑移的基本概念，距离加载端 x 截面处型钢和轻骨料混凝土之间的相对滑移 s_x 可用下式表示：

$$s_x = S_L - \sum_{i=1}^{k}(\Delta l_{si} - \Delta l_{ci}) \qquad (4.23)$$

$$\Delta l_{si} = \varepsilon_{si}\Delta l_i \qquad (4.24)$$

$$\Delta l_{ci} = \eta_c\varepsilon_{cio}\Delta l_i \qquad (4.25)$$

式中，Δl_{si} 为微段 Δl_i 内钢筋的伸长量；Δl_{ci} 为微段 Δl_i 内型钢交界面处轻骨料混凝土的伸长量；ε_{si}、ε_{cio} 分别为型钢和混凝土表面测点的应变；η_c 为微段内界面处混凝土应变 ε_{cii} 与表面混凝土应变 ε_{cio} 的比值，即

$$\eta_c = \frac{\varepsilon_{cii}}{\varepsilon_{cio}} \qquad (4.26)$$

上述公式对型钢翼缘和腹板的滑移计算均成立。

（2）参数 η_c 的获取。

上述公式中，在计算局部滑移 s_x 时，需要确定参数 η_c，η_c 的取值需要经过两个步骤。

① 初拟 η_c。

图 4.8 为混凝土截面应变分布图及等效应变图。

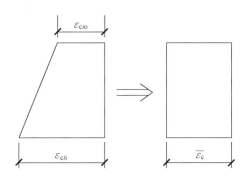

图 4.8　混凝土截面应变分布示意图

根据 Edwards 的试验结果，截面平均应变 $\overline{\varepsilon}_c$ 为界面处混凝土应变 ε_{cii} 的 0.75 倍，即

$$\overline{\varepsilon}_c = 0.75\varepsilon_{cii} \tag{4.27}$$

由

$$\overline{\varepsilon}_c = \frac{\varepsilon_{cii} + \varepsilon_{cio}}{2} \tag{4.28}$$

可得

$$\varepsilon_{cii} = 2\varepsilon_{cio} \tag{4.29}$$

即 $\eta_c=2$。张伟平的试验资料表明：截面平均应变 $\overline{\varepsilon}_c$ 和界面处混凝土应变 ε_{cii} 相等，同理进行计算，可得 $\eta_c=1$。因此，初步拟定 η_c 范围为 1～2。

②用初拟的 η_c 按下式累计求出加载端滑移并进行参数修正。

$$S_L = s_f + \sum_{i=1}^{n}(\Delta l_{si} - \eta_c\Delta l_{ci}) \tag{4.30}$$

拟定的 η_c 应满足上式中加载端滑移和自由端滑移 s_f 的实测值，如不满足就对初拟的 η_c 进行修正，直到满足为止。

4.2.2　试验曲线

用上述方法可计算在任意荷载下，沿锚固深度各点型钢和轻骨料混凝土间的相对滑移。手工计算较为烦琐，但借助计算机可以方便地进行。本书采用 C 语言编程，计算各级荷载下沿锚固深度各点的滑移，并绘制了滑移沿锚固长度的变化曲线，如图 4.9 所示为局部滑移沿锚固长度分布曲线。如图 4.10 所示为程序的流程图。

计算表明：η_c 的范围为 1.0～1.3。

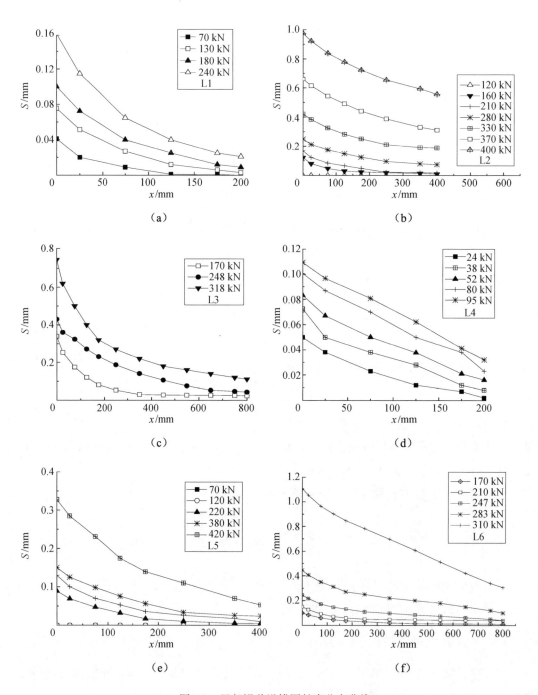

图 4.9　局部滑移沿锚固长度分布曲线

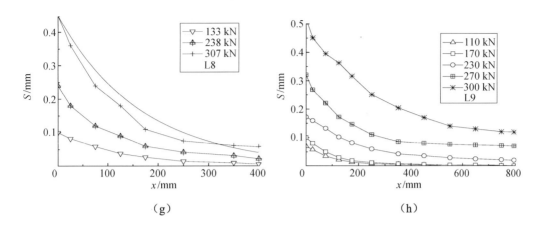

（g）　　　　　　　　　　　　　　（h）

续图 4.9

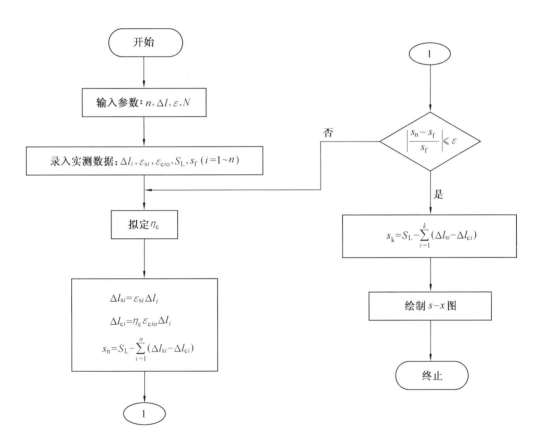

图 4.10　局部滑移程序流程图

　　图中曲线表明，较小荷载下的滑移发生在加载端，离开滑移区不远处仍存在黏结力，而且大部分型钢完全处于非应力状态。随荷载增加，发生滑移区段的长度增加，非应力区段长度相应减小。相对滑移在锚固长度 200 mm 范围内急剧下降，然后趋于平稳，总体上呈明显的下凸特性。因此，本章用负指数函数对滑移分布进行曲线拟合：

$$s(x) = S_{\mathrm{L}} \mathrm{e}^{-k_2 x} \qquad (4.31)$$

式中，$s(x)$为横截面沿锚固长度不同位置的滑移值；k_2为滑移分布指数特征值。如果已知各级荷载下加载端滑移 S_{L}，就可以得出滑移分布曲线。本书 4.3.2 节对加载端滑移进行了计算，4.3.3 节讨论了滑移分布指数特征值和取值。

4.3　局部滑移理论曲线

4.3.1　局部滑移的理论分析

1. 黏结滑移控制微分方程

图 4.11 为理论分析模型，由试件微段受力图分析可知：

$$A_{\mathrm{c}} \mathrm{d}\sigma_{\mathrm{c}} + A_{\mathrm{s}} \mathrm{d}\sigma_{\mathrm{s}} = 0 \qquad (4.32)$$

其中

$$A_{\mathrm{s}} \mathrm{d}\sigma_{\mathrm{s}} = A_{\mathrm{sf}} \mathrm{d}\sigma_{\mathrm{sf}} + A_{\mathrm{sw}} \mathrm{d}\sigma_{\mathrm{sw}} \qquad (4.33)$$

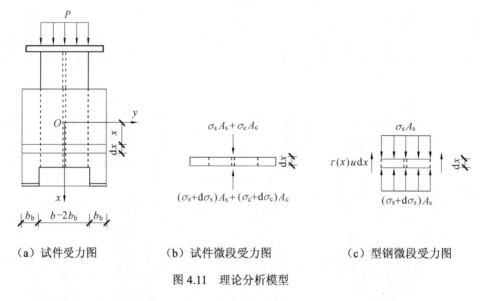

（a）试件受力图　　　（b）试件微段受力图　　　（c）型钢微段受力图

图 4.11　理论分析模型

由型钢微段受力图分析可知：

$$A_{\mathrm{sf}} \mathrm{d}\sigma_{\mathrm{sf}} = 4\tau_{\mathrm{sf}} b_{\mathrm{f}} \mathrm{d}x \qquad (4.34)$$

$$A_{\mathrm{sw}} \mathrm{d}\sigma_{\mathrm{sw}} = 2\tau_{\mathrm{sw}} h_{\mathrm{w}} \mathrm{d}x \qquad (4.35)$$

$$\frac{A_{\text{sw}} \mathrm{d}\sigma_{\text{sw}}}{A_{\text{sf}} \mathrm{d}\sigma_{\text{sf}}} = \frac{\tau_{\text{sw}} h_{\text{w}}}{2\tau_{\text{sf}} b_{\text{f}}} \tag{4.36}$$

前面 3.2.1 节的分析已经得出型钢翼缘部位黏结应力是腹板的 1.5 倍：

$$\tau_{\text{sf}} = 1.5\tau_{\text{sw}} \tag{4.37}$$

代入式（4.36）可得

$$\frac{A_{\text{sw}} \mathrm{d}\sigma_{\text{sw}}}{A_{\text{sf}} \mathrm{d}\sigma_{\text{sf}}} = \frac{h_{\text{w}}}{3b_{\text{f}}} \tag{4.38}$$

令

$$\beta = \frac{A_{\text{s}} \mathrm{d}\sigma_{\text{s}}}{A_{\text{sf}} \mathrm{d}\sigma_{\text{sf}}} = 1 + \frac{h_{\text{w}}}{3b_{\text{f}}} \tag{4.39}$$

此处 β 为型钢截面尺寸系数，本节中 $\beta=1.4$。

把式（4.39）代入式（4.32）可得

$$A_{\text{c}} \mathrm{d}\sigma_{\text{c}} + \beta A_{\text{sf}} \mathrm{d}\sigma_{\text{sf}} = 0 \tag{4.40}$$

由型钢微段受力图分析可知：

$$\tau_{\text{f}}(x) = \frac{\mathrm{d}\sigma_{\text{sf}} b_{\text{f}} h_{\text{f}}}{2\mathrm{d}x b_{\text{f}}} = \frac{h_{\text{f}} \mathrm{d}\sigma_{\text{sf}}}{2\mathrm{d}x} \tag{4.41}$$

由试验研究可知：型钢翼缘外侧滑移、内侧滑移和型钢腹板滑移相等，即

$$s_{\text{f外}}(x) = s_{\text{f内}}(x) = s_{\text{sf}}(x) = s_{\text{w}}(x) = s(x) \tag{4.42}$$

翼缘在 x 截面处的滑移 $s(x)$ 为

$$s(x) = s_{\text{sf}}(x) - s_{\text{c}}(x) \tag{4.43}$$

式中，$s_{\text{sf}}(x)$ 为型钢翼缘在 x 截面处的位移；$s_{\text{c}}(x)$ 为混凝土在 x 截面处的位移。

式（4.43）微分后，得

$$\frac{\mathrm{d}s(x)}{\mathrm{d}x} = \varepsilon_{\text{sf}}(x) - \varepsilon_{\text{c}}(x) \tag{4.44}$$

式中，ε_{sf}、ε_{c} 为型钢翼缘和混凝土的应变。

$$\sigma_{\text{sf}} = E_{\text{s}}\varepsilon_{\text{sf}} \tag{4.45}$$

$$\sigma_{\text{c}} = E_{\text{c}}\varepsilon_{\text{c}} \tag{4.46}$$

式中，E_s、E_c分别为型钢和混凝土的弹性模量。

此处，假定混凝土受压时的应力应变关系符合线性关系，虽然在高黏结应力状态下型钢截面的局部高应力将导致混凝土的非线性，但理论分析对后面的黏结滑移本构关系推导具有指导作用。

式（4.44）再次微分，把式（4.45）和式（4.46）代入得

$$\frac{d^2 s(x)}{dx^2} = \frac{d\varepsilon_{sf}(x)}{dx} - \frac{d\varepsilon_c(x)}{dx} = \frac{d\sigma_{sf}}{E_s dx} - \frac{d\sigma_c}{E_c dx} \tag{4.47}$$

把式（4.40）代入式（4.47），令

$$\frac{E_s}{E_c} = \alpha_E , \quad \frac{A_{sf}}{A_c} = n$$

则式（4.47）变为

$$\frac{d^2 s}{dx^2} = \frac{(1+\alpha_E n\beta)d\sigma_{sf}}{E_s dx} \tag{4.48}$$

把式（4.48）代入式（4.49），得

$$\frac{d^2 s}{dx^2} = \frac{(1+\alpha_E \beta n)}{E_s} \frac{2\tau_f}{h_f} \tag{4.49}$$

图 4.12 为微段内型钢翼缘和腹板黏结应力分布示意图。假设微段 dx 内型钢表面的平均黏结应力为 τ，翼缘、腹板的黏结应力为 τ_f 和 τ_w。

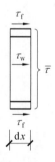

图 4.12　微段内黏结应力示意图

$$\tau(A_{sf} + A_{sw}) = \tau_f A_{sf} + \tau_w A_{sw} \tag{4.50}$$

由于 $\tau_f = 1.5\tau_w$，可得

$$\tau_f = \frac{A_{sf} + A_{sw}}{A_{sf} + \frac{2}{3}A_{sw}}\tau = \frac{A_{ss}}{A_{sf} + \frac{2}{3}A_{sw}}\tau = \eta_f \tau \tag{4.51}$$

$$\tau_{\mathrm{w}} = \frac{A_{\mathrm{sf}} + A_{\mathrm{sw}}}{A_{\mathrm{sw}} + \dfrac{3}{2} A_{\mathrm{sf}}} \tau = \frac{A_{\mathrm{ss}}}{A_{\mathrm{sw}} + \dfrac{3}{2} A_{\mathrm{sf}}} \tau = \eta_{\mathrm{w}} \tau \tag{4.52}$$

$$\eta_{\mathrm{f}} = \frac{A_{\mathrm{ss}}}{A_{\mathrm{sf}} + \dfrac{2}{3} A_{\mathrm{sw}}} \tag{4.53}$$

$$\eta_{\mathrm{w}} = \frac{A_{\mathrm{ss}}}{1.5 A_{\mathrm{sf}} + A_{\mathrm{sw}}} \tag{4.54}$$

式中，η_{f}、η_{w} 分别为型钢翼缘、腹板的黏结应力比例系数。

将式（4.51）代入式（4.49），可得

$$\frac{\mathrm{d}^2 s}{\mathrm{d} x^2} = \frac{2(1 + \alpha_E \beta n)}{E_{\mathrm{s}}} \frac{\eta_{\mathrm{f}} \tau}{h_{\mathrm{f}}} \tag{4.55}$$

令

$$k_{\mathrm{s}} = \frac{2\eta_{\mathrm{f}}(1 + \alpha_E \beta n)}{h_{\mathrm{f}} E_{\mathrm{s}}}$$

则式（4.55）为

$$\frac{\mathrm{d}^2 s(x)}{\mathrm{d} x^2} - k_{\mathrm{s}} \tau = 0 \tag{4.56}$$

上式即为黏结滑移微分方程，系数 k_{s} 为常数，与型钢和混凝土的截面尺寸及材料性质有关。表 4.1 为本书试件系数 k_{s} 表，k_{s1}、k_{s2}、k_{s3} 分别是截面尺寸为 200 mm×200 mm、250 mm×250 mm、300 mm×300 mm 试件的系数。

表 4.1　试件系数 k_s 表

E_{s}/MPa	E_{c}/MPa	η_{f}	η_{w}	k_{s1}/(N·mm^{-1})	k_{s2}/(N·mm^{-1})	k_{s3}/(N·mm^{-1})
2.0×10^5	1.9×10^4	1.1	0.733	2.03×10^{-6}	1.82×10^{-6}	1.71×10^{-6}

2. 推出破坏模式方程解析解

（1）上升段。

① 黏结滑移分析。4.1.2 节简化了推出破坏模式的黏结应力和滑移关系，对于上升段，把式（4.8）代入式（4.56），则黏结滑移控制微分方程简化为

$$\frac{\mathrm{d}^2 s}{\mathrm{d}x^2} - k_s E_{a1} s = 0 \qquad (4.57)$$

令

$$k = \sqrt{k_s E_{a1}} \qquad (4.58)$$

积分两次，可得滑移沿锚固长度的分布函数：

$$s = c_1 \mathrm{e}^{kx} + c_2 \mathrm{e}^{-kx} \qquad (4.59)$$

式中，c_1、c_2 是常数，由边界条件可求出。

② 边界条件。对于该推出试件，有两个边界条件：

$$x=0, \quad \varepsilon_c=0, \quad \varepsilon_s = \varepsilon_{sf} = -\frac{P}{E_s A_s} \qquad (4.60)$$

$$x=l, \quad \varepsilon_c = -\frac{P}{E_c A_c}, \quad \varepsilon_s = \varepsilon_{sf} = 0 \qquad (4.61)$$

③ 方程解析解。由边界条件 $s'(x) = \varepsilon_s(x) - \varepsilon_c(x)$，可解出 c_1、c_2：

$$c_1 = \left[\frac{1}{k(\mathrm{e}^{kl} - \mathrm{e}^{-kl})}\right]\left(\frac{\mathrm{e}^{-kl}}{E_s A_s} + \frac{1}{E_c A_c}\right)P \qquad (4.62)$$

$$c_2 = \left\{\left(\frac{\mathrm{e}^{-kl}}{E_s A_s} + \frac{1}{E_c A_c}\right)\left[\frac{1}{k(\mathrm{e}^{kl} - \mathrm{e}^{-kl})}\right] + \frac{1}{kE_s A_s}\right\}P \qquad (4.63)$$

把 c_1、c_2 代入式（4.59），即可求得各级荷载作用下滑移沿锚固长度的分布曲线。

（2）大滑移段。

对于大滑移段，当 $0.2 < s < s_u$ 时，将式（4.9）代入式（4.56），可得

$$\frac{\mathrm{d}^2 s}{\mathrm{d}x^2} - k_s E_{a2} s = k_s E_{a2} 0.2\left(\frac{E_{a1}}{E_{a2}} - 1\right) \qquad (0.2 < s < s_u) \qquad (4.64)$$

令

$$k = \sqrt{k_s E_{a2}}$$

可解出滑移沿锚固长度的分布函数：

$$s = c_3 \mathrm{e}^{kx} + c_4 \mathrm{e}^{-kx} - m \tag{4.65}$$

式中，$m = 0.2\left(\dfrac{E_{a1}}{E_{a2}} - 1\right)$。

由边界条件式（4.60）和式（4.61）可解出 c_3、c_4：

$$c_3 = \left[\frac{1}{k(\mathrm{e}^{kl} - \mathrm{e}^{-kl})}\right]\left(\frac{\mathrm{e}^{-kl}}{E_s A_s} + \frac{1}{E_c A_c}\right)P \tag{4.66}$$

$$c_4 = \left\{\left(\frac{\mathrm{e}^{-kl}}{E_s A_s} + \frac{1}{E_c A_c}\right)\left[\frac{1}{k(\mathrm{e}^{kl} - \mathrm{e}^{-kl})}\right] + \frac{1}{kE_s A_s}\right\}P \tag{4.67}$$

把 c_3、c_4 代入式（4.65），可得滑移沿锚固长度的分布函数。

3. 劈裂破坏模式方程解析解

（1）黏结滑移分析。

把式（4.16）和式（4.17）代入式（4.65），则黏结滑移控制微分方程简化为

$$\frac{\mathrm{d}^2 s}{\mathrm{d}x^2} - k_s E_b s = 0 \quad (0 < s < s_u) \tag{4.68}$$

$$\frac{\mathrm{d}^2 s}{\mathrm{d}x^2} - k_s E_d s = k_s E_d s_u\left(\frac{E_b}{E_d} - 1\right) \quad (s_u < s < s_r) \tag{4.69}$$

对于上升段，当 $0 < s < s_u$ 时，令 $k = \sqrt{k_s E_b}$，可解出滑移沿锚固长度的分布函数：

$$s = c_1 \mathrm{e}^{kx} + c_2 \mathrm{e}^{-kx} \tag{4.70}$$

对于下降段，当 $s_u < s < s_r$，令 $k = \sqrt{-k_s E_d}$，可解出滑移沿锚固长度的分布函数：

$$s = c_3 \cos(kx) + c_4 \sin(kx) - m \tag{4.71}$$

式中，$m = s_u\left(\dfrac{E_b}{E_d} - 1\right)$。

（2）边界条件。

对于该劈裂试件，有两个边界条件：

$$x=0, \quad \varepsilon_c = 0, \quad \varepsilon_s = \varepsilon_{sf} = -\frac{P}{E_s A_s} \qquad (4.72)$$

$$x=l, \quad \varepsilon_c = -\frac{P}{E_c A_c}, \quad \varepsilon_s = \varepsilon_{sf} = 0 \qquad (4.73)$$

对于上升段，由边界条件 $s'(x) = \varepsilon_s(x) - \varepsilon_c(x)$，可解出常数 c_1、c_2：

$$c_1 = \left[\frac{1}{k(v^{kl} - e^{-kl})} \right] \left(\frac{e^{-kl}}{E_s A_s} + \frac{1}{E_c A_c} \right) P \qquad (4.74)$$

$$c_2 = \left\{ \left(\frac{e^{-kl}}{E_s A_s} + \frac{1}{E_c A_c} \right) \left[\frac{1}{k(e^{kl} - e^{-kl})} \right] + \frac{1}{kE_s A_s} \right\} P \qquad (4.75)$$

把 c_1、c_2 代入式（4.70），可求得各级荷载作用下滑移沿锚固长度的分布函数。

对于下降段，由边界条件可解出 c_3、c_4：

$$c_3 = \frac{-1}{k\sin(kl)} \left[\frac{\cos(kl)}{E_s A_s} + \frac{1}{E_c A_c} \right] P \qquad (4.76)$$

$$c_4 = \frac{-P}{kE_s A_s} \qquad (4.77)$$

把 c_3、c_4 代入式（4.71），可得各级荷载作用下滑移沿锚固长度的分布函数。

上述公式从理论上全过程地分析了局部滑移沿锚固长度的分布函数。理论推导过程中假定材料处于线弹性阶段，因此，公式适用于小变形和弹性阶段，关于下降段的解可供参考。理论分布曲线和实际滑移分布曲线存在一些差异，主要表现为自由端滑移上翘，而且理论值偏大，如图 4.13 所示，但理论分析对加载端滑移计算具有指导意义。

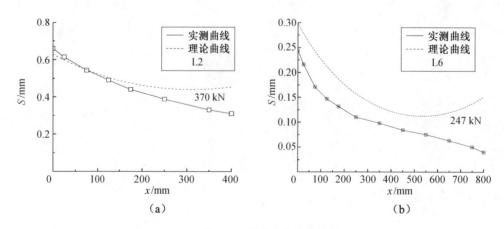

图 4.13　滑移分布曲线比较

4.3.2　加载端滑移计算值

当材料为小变形时，可认为构件处于正常使用状态。因此，本书重点分析正常使用阶段即上升段的黏结滑移分布规律。由滑移沿锚固长度的分布函数式（4.59）和式（4.70）看出，当 $x=0$ 时，可求出加载端滑移：

$$S_{\mathrm{L}} = c_1 + c_2 \tag{4.78}$$

由式（4.62）、式（4.63）、式（4.74）和式（4.75）可知，c_1、c_2 值和加载端荷载 P 成正比。因此，如果已知上升段最大荷载 $P_{\max}$ 对应的加载端滑移 S_{Lmax} 就可以按比例计算出各级荷载 P 对应的加载端滑移 S_{L}。由前面 2.3 节的荷载-滑移曲线可知，上升段最大荷载 $P_{\max}$ 对于劈裂破坏是 P_{u}，对于推出破坏是 $P_{0.2}$；对应的加载端滑移 S_{Lmax} 对于劈裂破坏是 P_{u}，对于推出破坏是 $S_{0.2}$，而此特征滑移值在第 3 章中已拟合并给出了计算公式。荷载-加载端滑移曲线同时表明，推出破坏上升段近似线性变化，劈裂破坏上升段并非完全线性变化，而是呈现上凸曲线，因此按比例计算各级荷载下加载端滑移时应乘以一个折减系数 α_1。因此，各级荷载下加载端滑移可用下式计算：

$$S_{\mathrm{L}} = \frac{\alpha_1 P S_{\mathrm{Lmax}}}{P_{\max}} \tag{4.79}$$

经计算分析，折减系数 α_1 对于劈裂破坏取 0.8，对于推出破坏取 1.0。表 4.2 给出了试件在不同级荷载下加载端滑移的实测值 S_{Lt} 和计算值 S_{Lc}。表中 S_{Lc1} 为按式（4.79）计算得来的加载端滑移值，S_{Lc2} 为按式（4.78）计算得来的加载端滑移值。

表 4.2 中计算表明，首先通过回归计算加载端最大滑移 S_{Lmax}，然后按比例计算上升段各级荷载下的加载端滑移 S_{Lc1}，这种方法所得结果和加载端实测滑移吻合较好，实测值和计算值之比的平均值为 0.91，均方差为 0.16。按黏结滑移微分方程所得加载端滑移 S_{Lc2} 比实测值大，平均为实测值的 2 倍左右。究其原因，主要是黏结滑移微分方程建立在材料的线弹性基础上，随荷载增大，材料进入非线性阶段，此时理论分析中的刚度系数 k 是随荷载变化的，而式（4.78）中的加载端滑移和刚度系数 k 的变化没有关系，只和加载端荷载 P 成正比，因此，理论值偏大较多，但这个结论对各级荷载下加载端滑移的简化计算是非常重要的。实际计算和分析表明，按式（4.79）计算加载端滑移简便可行且具有足够的精度。

表 4.2　加载端滑移实测值 S_{Lt} 和计算值 S_{Lc}

试件	荷载/kN	S_{Lt}/mm	S_{Lc1}/mm	S_{Lc2}/mm	S_{Lt}/S_{Lc1}	$\overline{S_{Lc1}/S_{Lt}}$	δ_{c1}
L1	180	0.1	0.115	0.2	0.87		
	130	0.075	0.083	0.14	0.9		
L2	280	0.25	0.224	0.47	1.116		
	160	0.122	0.128	0.27	0.95		
L3	248	0.43	0.465	0.97	0.925		
	170	0.31	0.34	0.66	0.912		
L4	52	0.08	0.088	0.13	0.91		
	24	0.05	0.04	0.058	1.25		
L5	380	0.15	0.19	0.43	0.79	0.91	0.16
	325	0.13	0.164	0.3	0.79		
	220	0.089	0.11	0.25	0.81		
L6	247	0.244	0.203	0.3	1.2		
	210	0.15	0.17	0.26	0.88		
	170	0.1	0.14	0.22	0.71		
L8	238	0.24	0.25	0.6	0.96		
	133	0.11	0.139	0.33	0.8		
L9	230	0.17	0.19	0.33	0.9		
	170	0.112	0.14	0.25	0.8		
	110	0.07	0.09	0.16	0.78		

4.3.3　局部滑移拟合曲线

4.2.2 节指出滑移沿锚固长度的分布可用负指数函数拟合，即

$$s(x) = S_L e^{-k_2 x} \qquad (4.80)$$

k_2 为滑移分布特征值指数，为 0.002～0.015。k_2 随锚固长度和荷载大小而变化，锚固长度越长或荷载越大，k_2 越小。上升段最大荷载 P_{max} 对应的 k_2 值最小，假定为 k_{2min}，经拟合可得

$$k_{2min} = 0.011\,35 - 0.011\,46 l_a \qquad (4.81)$$

式中，l_a 为锚固长度（m）。

当荷载较小时，滑移主要发生在加载端，滑移曲线自加载端下降较快（较陡），k_2 变大，上升段不同级荷载下的滑移分布特征值指数 k_2 可按下式取值：

$$k_2 = (0.011\,35 - 0.011\,46 l_a)\left(2.53 - 1.53\frac{P}{P_{max}}\right) \quad (0 \leqslant P \leqslant P_{max}) \qquad (4.82)$$

图 4.14 为滑移分布负指数计算曲线与实测曲线对比图。

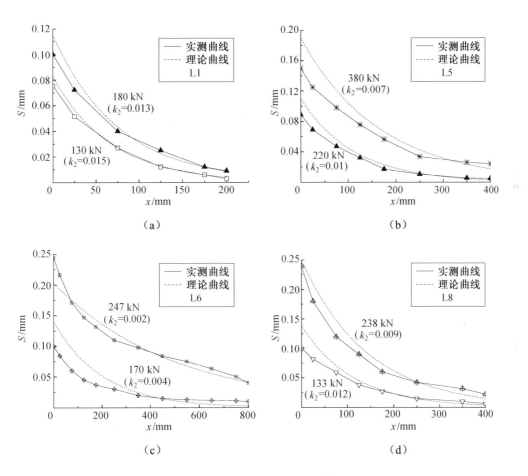

图 4.14 滑移分布负指数曲线对比

4.4 反映位置变化的黏结滑移关系

以上建立的基本本构关系从宏观上反映了平均黏结应力和滑移的关系。许多学者的研究成果认为：τ-s 关系是随锚固位置发生变化的。为了表述这种变化，不同位置处的 τ-s 本构关系可以以求得的黏结滑移基本关系 $f(s)$ 乘以一个位置函数 $\psi(x)$ 的乘积来表示，即

$$\tau(s,x) = f(s)\psi(x) \tag{4.83}$$

位置函数$\psi(x)$实质上反映了不同锚固位置的黏结滑移刚度。因此，为了确定不同锚固位置处的黏结滑移刚度，就必须首先研究黏结应力τ和相对滑移s沿锚固长度的分布规律，从而建立考虑位置变化的黏结滑移本构关系。黏结应力的分布规律在第 3 章中已分析，黏结滑移基本关系在 4.1.2 节中已经建立，局部滑移沿锚固长度的分布规律在 4.2.3 节和 4.3.3 节中进行了研究，下面来探讨位置函数的建立。

1. 不同锚固深度的局部黏结滑移曲线

由各测点黏结应力和局部滑移沿锚固长度的分布曲线，可绘制锚固长度内每一点的黏结滑移关系曲线。图 4.15 给出了试件 L2 和 L9 沿不同锚固深度处翼缘部位的黏结应力滑移关系曲线，试件 L2 发生劈裂破坏，L9 发生推出破坏。L9 锚固长度较长，随荷载增加，最大黏结应力内移且随滑移增大而减小；L2 各点黏结应力随滑移增大而增大，趋向极限荷载时加载端黏结应力增长幅度平缓，内部黏结应力增长幅度相对较大。

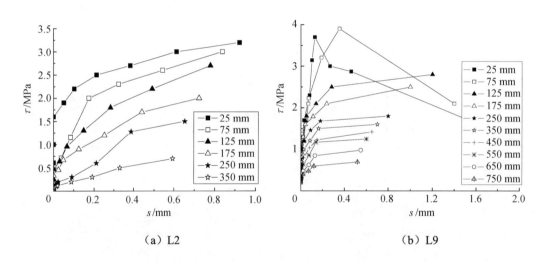

（a）L2　　　　　　　　　　　　（b）L9

图 4.15　沿锚长不同位置的τ-s关系曲线

2. 同一s下的τ-x分布曲线

由图4.15可绘制同一s下的τ-x分布曲线，图4.16给出了试件 L2 在端部滑移0.1 mm、0.2 mm、0.4 mm 和试件 L9 在端部滑移 0.1 mm、0.2 mm 的τ-x分布曲线。图中由力的平衡定义加载端和自由端黏结应力为零。曲线表明，黏结刚度在加载端附近$10\%l_a$处较大，$10\%\sim80\%l_a$范围近似线性变化，自由端逐渐减小到零，推出破坏曲线较劈裂破坏曲线更为丰满，但具有相同的形状。黏结刚度的变化反映了位置函数的形状，对坐标进行标准化后即可得位置函数。自由端混凝土由于垂直压力对黏结锚固性能的有利作用，所以在自由端附近产生一个小波峰。

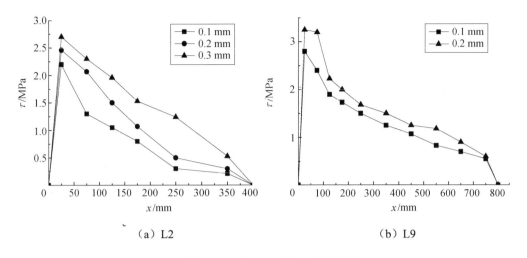

（a）L2　　　　　　　　　　　　　　（b）L9

图 4.16　同一 s 下的 τ-x 分布曲线

3. 位置函数 $\psi(x)$

平均黏结应力 $\bar{\tau}$ 和加载端滑移 S_L 之间的关系是黏结滑移基本本构关系，用函数 $f(s)$ 表示。由于型钢截面的特殊性，其翼缘和腹板黏结应力分布不同，τ-s 关系不仅随锚固位置发生变化，而且和型钢自身的部位也有关系。为了表述这种变化，不同位置处的 τ-s 本构关系可以以求得的黏结滑移基本关系 $f(s)$ 乘以一个位置函数 $\psi(x)$ 得到，位置函数 $\psi(x)$ 含有两个位置的影响，即

$$\psi(x) = \alpha\varphi(x) \tag{4.84}$$

式中，α 为型钢翼缘或腹板部位影响系数；$\varphi(x)$ 为锚固长度变化影响函数。

通过对本次所有试件翼缘部位黏结锚固变量沿锚固长度的分析，可用三段函数来描述劈裂破坏和推出破坏翼缘部位的锚固长度变化影响函数 $\varphi(x)$，如式（4.85）所示，函数曲线如图 4.17 所示。试件 L2 和 L9 与理论位置函数曲线的对比如图 4.18 所示。

$$\varphi(x) = \begin{cases} A_1\sqrt{1-\left(\dfrac{10x}{l_a}-1\right)^2}, & (0 \leqslant x \leqslant 0.1l_a) \\[3mm] \dfrac{10(A_2-A_1)}{7}\dfrac{x}{l_a}+\dfrac{(8A_1-A_2)}{7}, & (0.1l_a \leqslant x \leqslant 0.8l_a) \\[3mm] A_2\sqrt{1-\left(\dfrac{5x}{l_a}-4\right)^2}, & (0.8l_a \leqslant x \leqslant l_a) \end{cases} \tag{4.85}$$

式中，推出破坏时，A_1=2.1，A_2=0.72；劈裂破坏时，A_1=1.8，A_2=0.33。

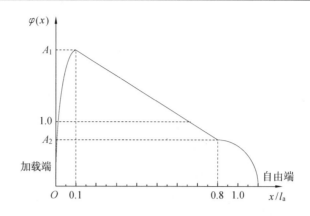

图 4.17 位置函数 $\varphi(x)$ 曲线

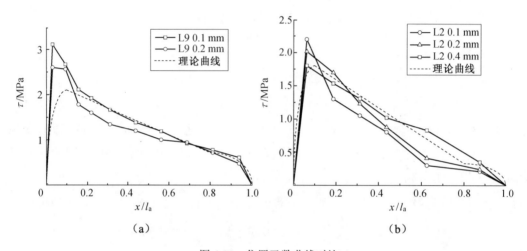

（a） （b）

图 4.18 位置函数曲线对比

因为 $\varphi(x)$ 是通过分析翼缘变量建立的，因此翼缘部位影响系数 $\alpha_f = 1$。由前面分析可知：同一锚固深度处，腹板和翼缘部位局部滑移相等，腹板局部黏结应力是翼缘的 $\dfrac{2}{3}$，因此腹板部位影响系数 $\alpha_w = \dfrac{2}{3}$。

上述得出的是试件的滑移处于上升阶段的曲线，当试件滑移处于下降段或大滑移段时，各试件型钢表面应变未能全部测得，但试件内各点黏结应力和局部滑移逐渐趋向一致，文献[12]和[13]也有类似报道。因此，下降段和大滑移段的黏结滑移本构关系可采用基本本构关系，位置函数 $\psi(x)=1$。

因此，型钢轻骨料混凝土全过程分析的位置函数 $\psi(x)$ 可表示为

$$\psi(x)=\begin{cases} \alpha\varphi(x), & \text{上升段} \\ 1, & \text{下降段或大滑移段} \end{cases} \qquad (4.86)$$

$$\alpha = \begin{cases} \alpha_f = 1.0, & \text{翼缘} \\ \alpha_w = \dfrac{2}{3}, & \text{腹板} \end{cases} \tag{4.87}$$

4.5　局部黏结应力滑移关系

如果锚固长度足够长，型钢不发生屈服破坏，从开始加载到试件破坏，加载端黏结应力将经历一个从上升段到下降段完整的发展过程，其他位置（如果后段的锚固长度足够长）也会产生同样现象，最大黏结应力不断内移，最终靠近加载端每个点的黏结应力都与加载端相似，经历一个比较完整的从上升到下降段的全过程，而靠近自由端，由于破坏的突然性，其全过程曲线难以直接测出。

图 4.19 给出了距加载端 25 mm 截面处点的黏结应力滑移曲线，纵坐标采用的是相对值 τ/τ_{fmax}，经拟合加载端的局部黏结应力滑移关系可用一个三次多项式表示，如式（4.88）所示，拟合后的曲线与试验曲线吻合较好。

$$\tau = (0.394\,45 + 2.596\,8\,s - 3.216\,51\,s^2 + 0.967\,8\,s^3)\tau_{\text{fmax}} \quad （0 \leqslant s \leqslant 1.6\ \text{mm}） \tag{4.88}$$

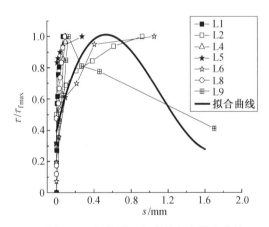

图 4.19　加载端局部黏结应力滑移曲线

4.6　极限荷载

1. 理论极限荷载

前边推得了滑移沿锚固长度的分布函数，推出破坏和劈裂破坏在上升段具有相同的函数表达形式，只是系数 k 不同。由滑移分布函数可求出上升段加载端滑移和荷载的关系式，具体步骤如下。

已知上升段滑移 s 沿锚固长度的分布函数为

$$s = c_1 e^{kx} + c_2 e^{-kx} \tag{4.89}$$

当 $x=0$ 时

$$S_L = c_1 + c_2 \tag{4.90}$$

把 c_1 和 c_2 表达式代入，即可得出上升段加载端滑移和荷载的关系式：

$$P = \frac{kE_s A_s (e^{kl} - e^{-kl})}{(e^{kl} + e^{-kl} + n\alpha_E)} S_L \qquad (0 < S_L < S_0) \tag{4.91}$$

S_0 为上升段最大荷载 P_{max} 对应的滑移，对于劈裂破坏是 S_u，对于推出破坏是 0.2 mm。式中参数规定同前，把相关参数代入式（4.91），可求出 L 系列试件上升段加载端任一滑移量下的荷载 P。如果代入上升段最大滑移，就可求出上升段最大荷载 P_{max}。P_{max} 对于劈裂破坏是极限荷载 P_u，对于推出破坏是 $P_{0.2}$。第 2 章推出破坏试验表明：转折点荷载 $P_{0.2}$ 大约相当于极限荷载的 70%，因此，由转折点荷载可反算出极限荷载。

2. 极限黏结强度下的极限荷载

随荷载增加，黏结应力沿锚固长度的分布逐渐趋于常数，第 3 章中统计回归了各特征黏结强度表达式。因此，黏结破坏极限荷载为

$$P_u = 2(2b_f + h_w)l_a \bar{\tau}_u \tag{4.92}$$

式中，$\bar{\tau}_u$ 为极限荷载下的平均黏结强度，计算同式（3.6），即

$$\bar{\tau}_u = \left(0.142 + \frac{0.156C_{ss}}{d} + \frac{0.65d}{l_a} \right) f_t + 0.86\rho_{sv} f_{yv} \tag{4.93}$$

此式考虑了混凝土强度、保护层厚度、锚固长度和配箍率的影响，适用于劈裂和推出两种破坏形式的计算。

3. 极限荷载比较

理论上算得的极限荷载 P_{uc1}、极限黏结强度下的极限荷载 P_{uc2} 和试验中所得极限荷载 P_{ut} 的比较见表 4.3。

表 4.3 极限荷载比较

试件	P_{uc1}/kN	P_{uc2}/kN	P_{ut}/kN	P_{uc1}/P_{ut}	P_{uc2}/P_{ut}
L1	202	235	250	0.81	0.94
L2	253	325	400	0.63	0.81
L3	231	300	318	0.73	0.94
L4	93	116	95	0.98	1.2
L5	270	419	447	0.6	0.94
L6	251	529	361	0.7	1.45
L7	152	201	160	0.95	1.25
L8	195	214	307	0.64	0.7
L9	223	502	372	0.6	1.3

理论上算得的极限荷载均比试验值小，二者之比的平均值为 0.75；极限黏结强度下的极限荷载与试验值之比的平均值为 1.06，标准差为 0.24。因此，可以用理论分析结果作为极限荷载的下限；用极限黏结强度对极限荷载进行估算。

4.7　本章小结

本章旨在探讨型钢轻骨料混凝土黏结滑移本构关系的建立。根据试验结果和理论分析，建立了基本本构关系、反映位置变化的本构关系和局部黏结应力滑移关系，主要结论如下：

（1）基本本构关系由平均黏结应力 $\bar{\tau}$ 和加载端滑移 S_L 建立。对于劈裂破坏和推出破坏分别建立了不同的本构关系模型。劈裂破坏上升段可用幂函数或直线表示，下降段用直线表示；推出破坏上升段和大滑移段均可用直线表示。基本本构关系模型标准化后和实测曲线进行了对比，吻合较好。因此，可以用所建立的基本本构关系来模拟平均黏结滑移刚度。

（2）给出了局部滑移沿锚固长度的分布函数。为建立反映位置变化的本构关系，需了解局部滑移沿锚固长度的分布规律。通过改进方法由型钢和混凝土应变获取局部滑移试验值，绘制了局部滑移试验曲线，曲线呈明显的负指数函数分布。根据黏结滑移微分方程从理论上推出了各级荷载下的加载端滑移表达式，然后拟合了滑移特征值指数 k_2，k_2 与锚固长度及荷载大小有关，从而确定了局部滑移分布函数。

（3）引入位置函数 $\psi(x)$，建立反映位置变化的黏结滑移本构关系。对于上升段，位置函数 $\psi(x)$ 与型钢翼缘或腹板部位影响系数 α 及锚固位置变化函数 $\varphi(x)$ 有关。首先分段建立了翼缘的锚固位置变化函数 $\varphi(x)$，根据翼缘和腹板黏结应力的关系而后给出了腹板部位影响系数 α_w。对于下降段和大滑移段，由于沿锚固长度方向黏结应力和滑移逐渐趋向一致，因此，可采用基本本构关系。

（4）从开始加载到破坏，加载端的黏结应力滑移经历了完整的变化过程。据此，建立了局部黏结应力滑移本构关系。

（5）探讨了黏结滑移极限荷载。一方面由理论分析推出了荷载和加载端滑移关系，另一方面由拟合的平均极限黏结强度可算得极限荷载。计算表明：理论上算得的极限荷载偏小，可作为黏结滑移极限荷载的下限；由极限黏结强度算出的极限荷载和试验值之比的平均值为 1.07，标准差为 0.24，可用于估算极限荷载。

第 5 章　数值模拟分析

ANSYS 程序是一款通用有限元仿真分析软件,具有结构、热、流体、电磁、声学的独立物理场和多物理场耦合分析的强大功能,其在结构分析方面已取得了成功的应用。材料本构关系和黏结本构关系是有限元分析中的关键问题,在轻骨料混凝土的本构关系和黏结滑移本构关系中引入有限元分析的方法、结果以及和试验结果的对比是本章研究的重点。黏结滑移本构关系的合理引入可为型钢轻骨料混凝土构件和结构的有限元分析提供依据。

5.1　轻骨料混凝土本构关系

轻骨料混凝土由于质轻、保温、高强等优越的性能,在高层建筑、大跨桥梁、海洋平台工程中已得到了越来越广泛的应用,但我国有关轻骨料混凝土本构关系方面的研究较少,因此本节针对轻骨料混凝土的本构关系进行探讨。

5.1.1　国内外轻骨料混凝土应力-应变曲线方程

1. Wang 模型

国内外学者对混凝土的应力-应变曲线提出了不同的模型,有单一曲线的、多曲线段的,有采用多项式、有理分式、指数函数等形式表达的。美国学者 P. T. Wang 根据试验结果获得了轻骨料混凝土应变达到 0.006 时的应力-应变曲线,建立了轻骨料混凝土应力-应变曲线方程:

$$Y = \frac{AX + BX^2}{1 + CX + DX^2} \tag{5.1}$$

式中,$X = \dfrac{\varepsilon}{\varepsilon_0}$;$Y = \dfrac{f}{f_0}$;$\varepsilon_0$、$f_0$ 分别为曲线的峰值应变和峰值应力;ε、f 分别为混凝土的应变和应力。曲线分上升段和下降段,上升段和下降段有不同的常数 A、B、C、D,不同强度等级的混凝土,A、B、C、D 不同,可由上升段、下降段应分别满足的边界条件和关键点坐标求得。

2. 王振宇模型

清华大学的王振宇采用过镇海提出的公式,根据试验结果拟合了 LWAC 的应力-应变曲线,曲线分上升段和下降段,LC10～ LC50 级的曲线方程如下:

当 $X \leqslant 1$ 时

$$Y = a_a X + (3 - 2a_a)X^2 + (a_a - 2)X^3 \tag{5.2}$$

当 $X \geqslant 1$ 时

$$Y = \frac{X}{a_{d1}(X-1)^2 + X} \tag{5.3}$$

对于 LC55 级以上的轻骨料混凝土,上升段采用式(5.2),下降段曲线拟合采用分段曲线的形式:

当 $1 \leqslant X \leqslant 1.25$ 时

$$Y = \frac{X}{a_{d1}(X-1)^2 + X} \tag{5.4}$$

当 $X \geqslant 1.25$ 时

$$Y = a_{d2}(5 - X) \tag{5.5}$$

曲线参数 a_a、a_{d1}、a_{d2} 由试验结果确定。

3. 规程模型

规程中规定了 LWAC 受压时的应力-应变关系曲线按下式采用:

当 $\varepsilon \leqslant \varepsilon_0$ 时

$$\sigma_c = f_c \left[1.5 \left(\frac{\varepsilon_c}{\varepsilon_0} \right) - 0.5 \left(\frac{\varepsilon_c}{\varepsilon_0} \right)^2 \right] \tag{5.6}$$

当 $\varepsilon_0 \leqslant \varepsilon \leqslant \varepsilon_{cu}$ 时

$$\sigma_c = f_c \tag{5.7}$$

式中,符号规定同《轻骨料混凝土应用技术标准》(JGJ 12—2019)。

4. Eurocode2 模型

Eurocode2 采用了上升段和下降段曲线的统一方程:

$$Y = \frac{kX - X^2}{1 + (k-2)X} \tag{5.8}$$

$$k = 1.1 \frac{E_{\mathrm{C}} \varepsilon_0}{f_0} = 1.1 \frac{E_{\mathrm{C}}}{E_0} \tag{5.9}$$

式中，E_{C} 为混凝土弹性模量；E_0 为峰值应力时的割线模量。

当峰值应力分别为 30 MPa、40 MPa、50 MPa 时，根据上述四个模型求得的 LWAC 应力-应变关系曲线如图 5.1 所示。其中 A 为规程模型，B 为王振宇模型，C 为 Wang 模型，D 为 Eurocode2 模型。

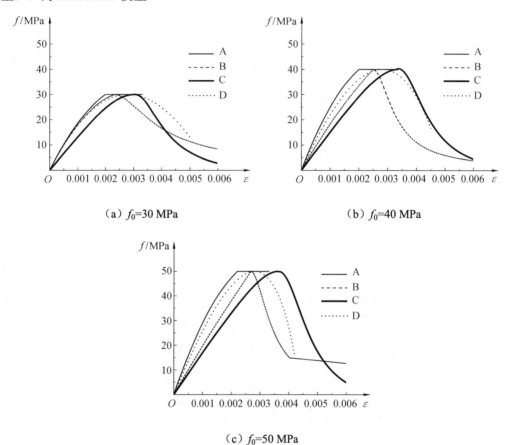

（a）f_0=30 MPa　　　　　　　　（b）f_0=40 MPa

（c）f_0=50 MPa

图 5.1　LWAC 应力-应变曲线

由图 5.1 可看出：四个模型都由上升段和下降段组成，其中 A、B、D 模型的上升段较接近，四个模型的下降段差别较大。模型 B、C 的下降段有明显的拐点和收敛点，较完整地反映了下降段应力-应变的变化过程。这里称拐点和收敛点为应力-应变曲线下降段的关键点。混凝土强度等级越高，下降段曲线越陡，而且峰值应变和拐点应变随混凝土强度提高而增加。规程模型 A 可用于实际工程构件的承载力计算，但水平直线段并未真实反映应力随应变增加而显著下降这一现象。Eurocode2 模型 D 采用统一方程表达了上升段和下降段曲线，但其下降段曲线由于没有关键点控制而迅速下降，并和应变轴相交。

王振宇模型 B 中的曲线参数需要由试验确定，Wang 模型 C 中的曲线参数需要 8 个方程确定，计算较烦琐。因此，有必要结合相关试验结果对 LWAC 的应力-应变曲线模型进行改进，以期较真实完整地反映应力随应变变化的情况，并便于实际工程应用。

5.1.2　关键点坐标

相关研究表明，LWAC 应力-应变曲线中峰值应变 ε_0、拐点应变 ε_D、拐点应力 f_D、收敛点应力 f_E、收敛点应变 ε_E 均和峰值应力 f_0 有线性关系。由图 5.1 可知，由于试验方法不同，LWAC 材料的配比、干表观密度不同以及材料的离散性，不同模型下相同峰值应力 LWAC 应力-应变曲线中的峰值应变、拐点应变相差很大。模型 C 采用了圆柱体试件，并用外套钢管的试验方法测得了应力-应变全曲线，其峰值应变和拐点应变均较高。模型 B 采用了棱柱体试件，由清华大学王振宇的试验结果可拟合出 LC30～LC55 级 LWAC 关键点坐标取值与峰值应力 f_0（MPa）的关系，如图 5.2 所示。

$$\varepsilon_0 = 1\ 727.4 + 18.69 f_0 \quad (R = 0.89) \tag{5.10}$$

$$f_D = 1.62 + 0.76 f_0 \quad (R = 0.998) \tag{5.11}$$

$$\varepsilon_D = 2\ 763.6 + 5.58 f_0 \quad (R = 0.52) \tag{5.12}$$

$$f_E = 6.405 + 0.42 f_0 \quad (R = 0.91) \tag{5.13}$$

$$\varepsilon_E = 0.003\ 3 \tag{5.14}$$

式（5.10）～（5.14）表明：拐点应力 f_D、收敛点应力 f_E 和峰值应力 f_0 有很好的线性关系，但拐点应变 ε_D 和收敛点应变 ε_E 与峰值应力 f_0 的线性关系不明显，而且不同试验结果差异很大。为和《轻骨料混凝土应用技术标准》一致，当 LWAC 非均匀受压时，可取收敛点应变 $\varepsilon_E = 0.003\ 3$，试验结果中收敛点应变的平均值为 0.003 386。

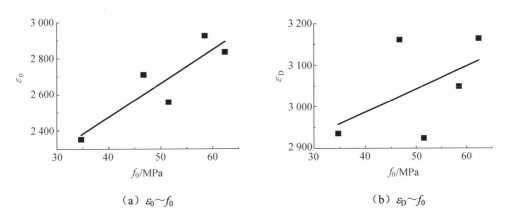

（a）$\varepsilon_0 \sim f_0$　　　　　　　　　　（b）$\varepsilon_D \sim f_0$

图 5.2　关键点坐标取值与峰值应力 f_0 的关系

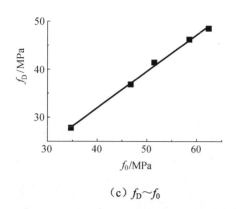 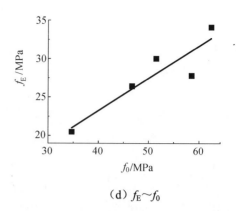

（c）$f_D \sim f_0$　　　　　　　　　　　　（d）$f_E \sim f_0$

续图 5.2

文献[115]中模型 C 根据试验结果拟合了关键点坐标与峰值应力 f_0（MPa）的线性关系：

$$\varepsilon_0 = 2\,110 + 29 f_0 \quad (R = 0.91) \tag{5.15}$$

$$f_D = 0.704 f_0 - 3.25 \quad (R = 0.98) \tag{5.16}$$

$$\varepsilon_D = 3\,290 + 23.2 f_0 \quad (R = 0.80) \tag{5.17}$$

$$f_E = 0.262 f_0 - 0.324 \quad (R = 0.666) \tag{5.18}$$

$$\varepsilon_E = \varepsilon_D + (\varepsilon_D - \varepsilon_0) = 2\varepsilon_D - \varepsilon_0 \tag{5.19}$$

5.1.3　分段式方程

根据以上 LWAC 应力-应变模型的分析，拟建立分段式方程如下：

当 $X \leqslant 1$ 时

$$Y = 1.5X - 0.5X^2 \tag{5.20}$$

当 $X \geqslant 1$ 时

$$Y = \frac{AX}{1 + BX + CX^2} \tag{5.21}$$

上升段表达式和《轻骨料混凝土应用技术标准》中一致，$X = \dfrac{\varepsilon}{\varepsilon_0}, Y = \dfrac{f}{f_0}$，式中 ε_0 取值由峰值应力而定。下降段中拐点离散性较大，可以取收敛点为控制点，因此方程中的常数 A、B、C 需满足下列条件：

当 $X = 1$ 时

$$Y = 1 \tag{5.22}$$

$$\frac{\mathrm{d}Y}{\mathrm{d}X}(X=1,Y=1)=0 \tag{5.23}$$

$$X=\frac{\varepsilon_{\mathrm{E}}}{\varepsilon_0}, \quad Y=\frac{f_{\mathrm{E}}}{f_0} \tag{5.24}$$

求解式（5.22）和式（5.23）可得

$$C=1, \quad A=2+B$$

把结果代入式（5.21）得

当 $X \geqslant 1$ 时

$$Y=\frac{(2+B)X}{1+BX+X^2} \tag{5.25}$$

然后由式（5.24）即可求得常数 B，进而得到由式（5.20）和式（5.25）确定的 LWAC 应力-应变曲线方程。

由提出的分段式方程分别利用式（5.10）~（5.14）或式（5.15）~(5.19)可绘制出峰值应力为 30 MPa、40 MPa、50 MPa 时 LWAC 的应力-应变曲线，如图 5.3 所示，并和王振宇模型、Wang 模型比较。图中实线为提出的分段式方程曲线，虚线为对比模型曲线。

图 5.3 表明：提出的分段式方程曲线下降段有明显的拐点和收敛点，并且和王振宇模型曲线及 Wang 模型曲线均吻合很好。该分段式方程不仅表达形式简单，而且方程中唯一的常数 B 容易确定。根据计算结果，常数 B 的范围在-1.95~-1.8 之间，随混凝土强度等级提高，B 值减小。B 值计算结果如图 5.3 所示。

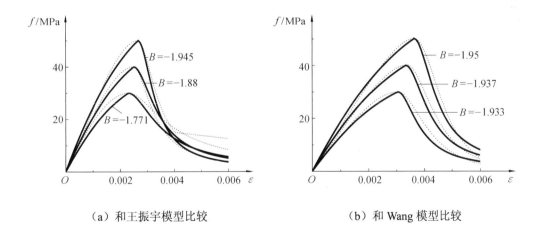

（a）和王振宇模型比较　　　　　　　（b）和 Wang 模型比较

图 5.3　应力 应变曲线比较

5.2 推出试验有限元模拟

5.2.1 单元选取

1. 混凝土单元

混凝土单元采用 solid65。这种单元每个结点有三个平动自由度 U_X，U_Y，U_Z，可以考虑混凝土材料的很多非线性性质，例如混凝土的开裂、压碎、徐变和塑性变形等。单元能够通过体积配箍率的方法将三个方向的钢筋采用分布模型处理，因此，可以简化有限元计算模型。本次分析中，将箍筋、纵筋分布到混凝土单元中，通过三个不同的常数来反映钢筋对单元的作用。

2. 型钢单元

型钢和支座垫板采用 solid45 单元。solid45 单元是八结点六面体单元，每个结点有三个平动自由度 U_X，U_Y，U_Z，可用于大变形、大应变和塑性分析。

3. 黏结单元

型钢和轻骨料混凝土之间的黏结单元采用 combine39 单元。型钢和轻骨料混凝土界面之间的黏结力有纵向切向、横向切向和法向三个作用，如图 5.4 所示。纵向切向黏结滑移 F（黏结力）$-D$（位移）曲线可由实测的黏结本构关系算得。在黏结破坏问题中，法向变形相对于纵向切向变形小得多，因此，可在该方向设为固结。关于横向切向的黏结滑移试验研究资料未曾见到，考虑到箍筋对翼缘以及翼缘对腹板横向的强约束作用，也可以认为二者在该方向固结。因此，弹簧单元设在界面纵向切向方向，而在横向切向和法向方向认为没有相对位移，即对该方向结点位移耦合。

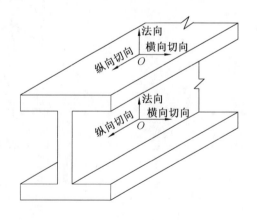

图 5.4 型钢表面黏结力方向示意图

使用弹簧单元应注意几个问题：

（1）弹簧有两个结点，通过一个力 F-位移 D 的曲线来定义非线性弹簧的受力性能，不需要定义材料性质。

（2）如图 5.5 所示，F-D 曲线由从第三象限到第一象限的一系列点组成，相邻点之间的距离不能太小，最后输入的位移必须为正值，应避免垂直线段出现。

（3）原点斜率不能为负，每一折线段的斜率可为正，也可为负。

（4）弹簧长度可以为零，可定义结点 J 相对结点 I 在整体坐标系中有正位移时弹簧受拉。

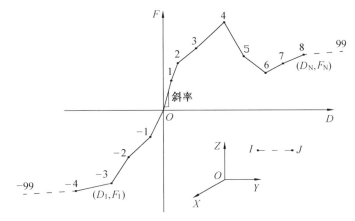

图 5.5　非线性弹簧单元

5.2.2　实常数确定

1. 混凝土实常数

solid65 单元实常数为 R_1，包含 X、Y、Z 三个方向钢筋的体积配箍率及钢筋方向角的一些参数。

2. 弹簧单元实常数

纵向切向黏结力 F-D 曲线可通过黏结滑移曲线确定。首先确定第 i 个弹簧对应位置处的黏结应力-滑移关系：

$$\tau = \tau(s, x_i) \tag{5.26}$$

则弹簧的 F-D 曲线表达式为

$$F = \tau(D, x_i) \times A_i \tag{5.27}$$

式中，A_i 为弹簧对应结点从属面积，如图 5.6 所示。

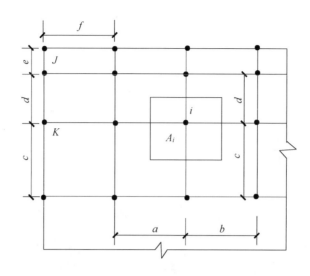

图 5.6　A_i 示意图

弹簧所处结点位置不同，从属面积 A_i 计算方法不同，有中间结点、边结点、角结点三种情况。

中间结点

$$A_i=1/4(\alpha+b)\,(c+d)\qquad\qquad（5.28）$$

边结点

$$A_i=1/4(c+d)f\qquad\qquad（5.29）$$

角结点

$$A_i=1/4ef\qquad\qquad（5.30）$$

由第 3 章分析可知：黏结应力不仅随锚固位置变化，而且和翼缘、腹板位置有关，同一锚固位置处翼缘的黏结应力是腹板的 1.5 倍。因此，弹簧单元实常数确定要考虑三方面因素：弹簧单元沿锚固长度的位置 x_i，从属面积 A_i 和所在翼缘或腹板位置。

由第 4 章的黏结滑移本构关系可知，基本本构关系从宏观上反映了平均黏结应力和加载端滑移关系；引入位置函数的本构关系揭示了上升段（小滑移情况下）距加载端不同位置处的黏结滑移关系，下降段和大滑移段仍采用基本本构关系；局部本构关系反映了黏结应力和滑移从上升段到下降段的整个发展过程。因此，有限元分析中采用局部黏结滑移本构关系较为合理。

当按局部黏结滑移本构关系确定弹簧单元实常数时，需考虑单元的从属面积和单元处于翼缘上还是腹板上两个因素。弹簧单元的实常数如图 5.7 所示。型钢翼缘中间结点实常数是 R_2，边结点实常数是 R_4，角结点实常数是 R_6；腹板中间结点实常数是 R_3，边结点实常数是 R_5；翼缘和腹板交界处的角结点实常数是 R_7，公共边内结点实常数是 R_8。

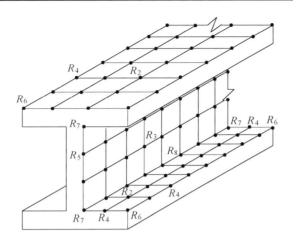

图 5.7　弹簧单元实常数示意图

5.2.3　材料本构关系

1. 混凝土材料本构关系

混凝土本构模型采用随动硬化模型（Multilinear Kinematic Hardening），应力-应变曲线按照 5.1 节方法确定，关键点坐标采用 Wang 模型公式计算，材料泊松比为 0.2。张开裂缝的剪力传递系数取 0.3，闭合裂缝的剪力传递系数取 0.8。输入混凝土单轴抗拉强度 f_t，不考虑混凝土压碎，即设定混凝土单轴抗压强度为-1。图 5.8（a）为 LC20 混凝土在有限元分析中输入的应力-应变关系曲线。

2. 型钢、钢筋本构关系

型钢、钢筋本构关系模型采用双线性各向同性硬化弹塑性模型，型钢、纵筋和箍筋输入的应力-应变曲线分别如图 5.8（b）～（d）所示，材料泊松比为 0.3。

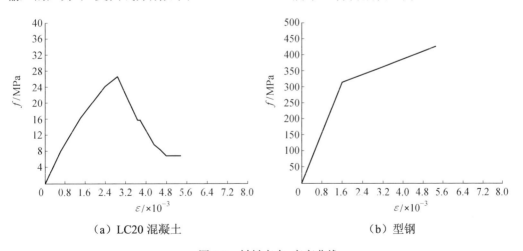

（a）LC20 混凝土　　　　　　　　　（b）型钢

图 5.8　材料应力-应变曲线

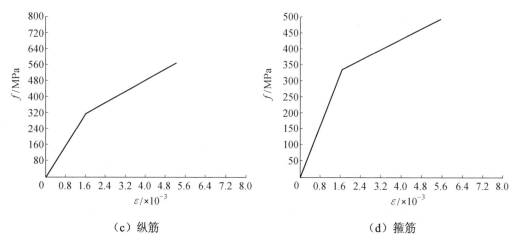

（c）纵筋　　　　　　　　　　　　（d）箍筋

续图 5.8

5.2.4　建立有限元模型

有限元模型采用自下而上的方法建立，网格划分为规则划分。由于结构有两个对称轴，因此采用 $\frac{1}{4}$ 模型进行计算。图 5.9 和图 5.10 分别为试件 L1 的几何模型和有限元模型。

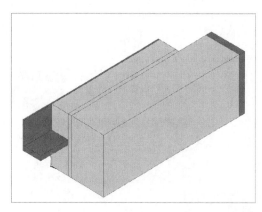

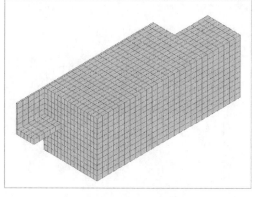

图 5.9　试件 L1 几何模型　　　　　　图 5.10　试件 L1 有限元模型

当几何体网格划分后，其面上结点的分布是有规律的。型钢与混凝土界面弹簧单元的建立应首先找出结点的对应规律，然后用循环语句设立弹簧单元，同时赋予单元实常数。图 5.11 为有限元分析中的弹簧单元模型图。

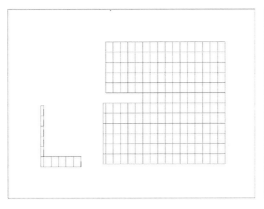 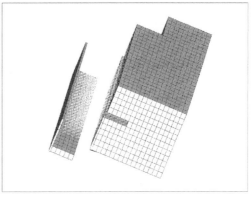

（a）正面图　　　　　　　　　　（b）轴测图

图 5.11 弹簧单元模型图

5.3 ANSYS 计算结果与分析

5.3.1 型钢应力分布

引入局部黏结滑移本构关系进行有限元分析后，试件 L3、L7、L8 在 50%极限荷载和极限荷载时的型钢应力分布云图，如图 5.12 所示。

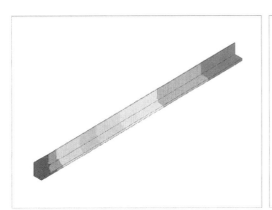 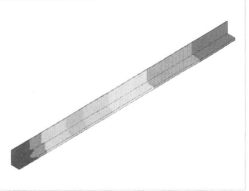

（a）试件 L3

图 5.12 型钢应力分布云图

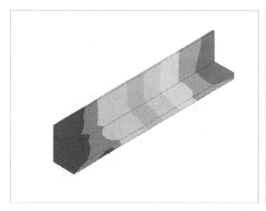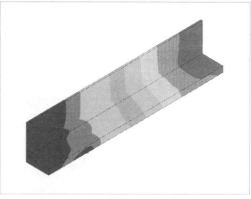

（b）试件 L7

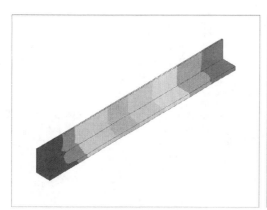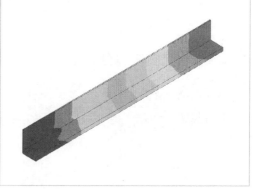

（c）试件 L8

续图 5.12

图中表明，型钢应力在同一锚固深度处沿横截面几乎是均匀分布的，即型钢翼缘和腹板在同一荷载水平下应力相同。这和第 2 章的试验结果一致，即型钢翼缘和腹板的应力分布接近，计算分析中可认为相等。云图同时表明，应力在加载端附近变化突然，而在自由端附件变化减缓，说明加载端附近黏结应力始终比自由端大，从加载端到自由端黏结应力逐渐减小，这和第 3 章黏结应力试验分析的结果也是相同的。

5.3.2 裂缝分布

图 5.13 分别为试件 L1、L8 和 L9 在极限荷载时的裂缝分布图。

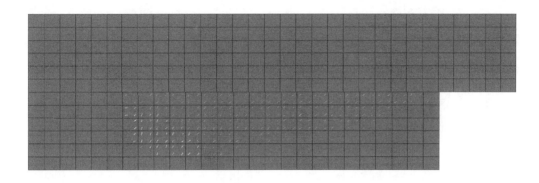

（a）试件 L1

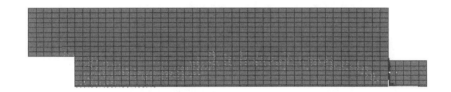

（b）试件 L8

（c）试件 L9

图 5.13　裂缝分布图

　　裂缝分布图形表明，当试件锚固长度为 200 mm（L1）和 400 mm（L8）时，达到极限荷载时出现通长裂缝；当试件锚固长度为 800 mm（L9）时，极限荷载时仅在加载端附近出现裂缝。这一规律和试验现象是吻合的，说明随锚固长度增加，极限荷载时通过黏结力传递到自由端附件混凝土上的作用越来越小，锚固长度要有一个合理的范围，取值范围可参考第 4 章。

5.3.3　荷载-滑移曲线

所得荷载-滑移曲线及与试验结果对比图如图 5.14 所示。

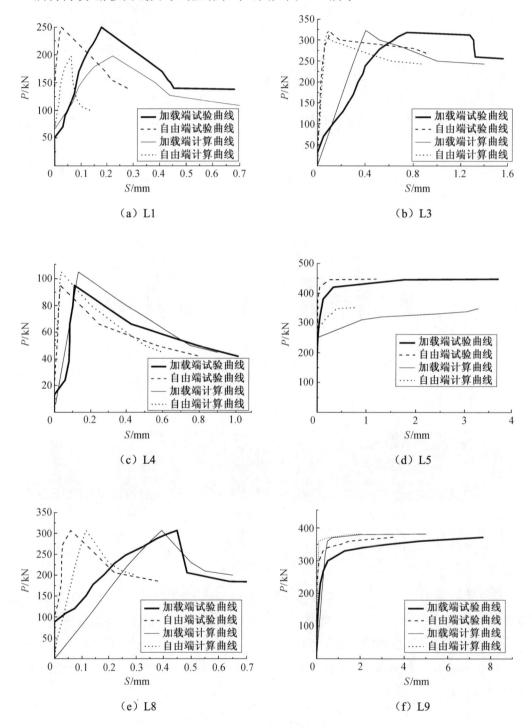

图 5.14　荷载-滑移曲线对比图

计算曲线对比表明，计算曲线和试验曲线的形状吻合，特征荷载和特征滑移值比较如下：

（1）计算的极限荷载、残余荷载和试验曲线中的较吻合，说明用局部黏结应力-滑移曲线可以较好地模拟试件的极限荷载和残余荷载。

（2）计算的初始滑移荷载较试验值小，其比值的平均值为 0.87。造成这种误差的主要原因是：建立弹簧单元力-位移曲线模型需要输入经过原点的多线段，为避免弹簧模型中垂直线段的出现，采用了对局部本构关系中初始滑移（0～0.1 mm）段线性化处理的简化方法。这种简化减小了初始阶段弹簧的刚度，从而造成初始滑移荷载的降低。

（3）极限荷载和极限荷载对应的加载端滑移的比较见表 5.1，表中 P_{ut} 和 S_{ut} 为试验值，P_{uc} 和 S_{uc} 为有限元计算值。

表 5.1　P_u、S_u 计算值与试验值比较

试件	P_{ut}/kN	S_{ut}/mm	P_{uc}/kN	S_{uc}/mm	P_{uc}/P_{ut}	S_{uc}/S_{ut}
L1	250	0.18	198	0.223 8	0.792	1.243
L2	400	0.975	379	0.769 1	0.948	0.789
L3	318	0.746	323	0.405 6	1.016	0.544
L4	95	0.11	105	0.130 5	1.105	1.186
L5	447	3.685	349	3.283	0.781	0.891
L6	361	8.783	368	8.954	1.019	1.019
L7	160	0.179 5	171	0.198 5	1.069	1.106
L8	307	0.45	305	0.394	0.993	0.876
L9	372	7.63	382	5.142	1.027	0.674

表 5.1 中极限荷载计算值与试验值之比的平均值为 0.972 2，对应滑移计算值与试验值之比的平均值为 0.925。因此，用上述方法和本构关系可以较好地模拟推出试件考虑黏结情况下的受力过程。

5.4　本章小结

本章通过轻骨料混凝土应力-应变关系曲线研究和型钢轻骨料混凝土推出试件有限元模拟，可得出以下结论：

（1）经过不同 LWAC 应力-应变曲线模型的分析比较，提出了分段式方程曲线模型。该方程形式简单，并且和王振宇模型曲线及 Wang 模型曲线均吻合很好，可用于轻骨料混

凝土结构非线性分析。该方程唯一常数 B 可由关键点坐标确定，随混凝土强度等级提高，B 值减小。峰值应力为 30～50 MPa 的 LWAC，其 B 值范围为-1.8～-1.95。

（2）考虑黏结时推出试件有限元模拟结果表明，型钢应变分布规律、裂缝分布、荷载-滑移曲线均和试验结果吻合较好。

（3）本章有限元分析中采用了推导所得的 LWAC 应力-应变关系和局部黏结滑移本构关系，有限元分析结果和试验结果吻合较好，说明该本构关系可用于型钢轻骨料混凝土构件的有限元分析。

第6章 基于黏结滑移的型钢轻骨料混凝土梁承载力

目前，我国现行规程还未对型钢轻骨料混凝土构件的设计提出规定，设计时缺乏相关参考依据。基于黏结滑移本构关系下的型钢轻骨料混凝土构件有限元分析可为该方面设计提供参考依据。本章根据有限元分析结果和相关试验结果，对型钢轻骨料混凝土梁的受力性能进行了分析，以型钢普通混凝土梁的截面设计为基础，提出了型钢轻骨料混凝土梁正截面抗弯承载力和斜截面抗剪承载力计算公式，并且和试验结果进行了对比。经验证，建立的公式具有足够的精度，不仅适用于 SRLC 梁，也适用于 SRC 梁，可为工程设计人员参考。

6.1 型钢轻骨料混凝土梁的 ANSYS 数值模拟

6.1.1 数值模拟试件

数值模拟试件 L1～L3 分别选自文献[103]、[108]和[102]。试件参数见表 6.1，断面图和受力简图分别如图 6.1 和图 6.2 所示。

表 6.1 试件参数表

试件	$b \times h$ /(mm×mm)	a /mm	b /mm	l /mm	λ	型钢	f_{cu} /MPa	ρ_{ss} /%
L1	200×300	275	200	2 400	1.0	I 12	26.6	3.017
L2	200×260	900	150	2 500	3.83	I 16	28.5	5.02
L3	170×270	565	100	2 000	2.3	I 10	25	3.12

注：表中 a 为集中荷载到支座的距离；l 为梁长；λ 为剪跨比；ρ_{ss} 为型钢配钢率。

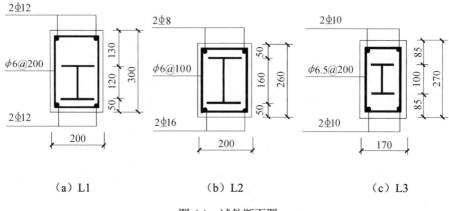

（a）L1   （b）L2   （c）L3

图 6.1　试件断面图

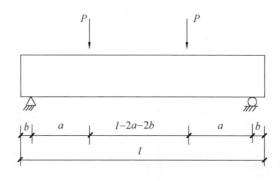

图 6.2　试件受力简图

6.1.2　考虑黏结滑移时型钢轻骨料混凝土梁的 ANSYS 数值模拟

1. 有限元模型的建立

有限元模型采用自下而上的方法建立。混凝土用 solid65 单元，型钢用 solid45 单元，型钢和混凝土界面法向和横向节点耦合，界面纵向连接单元采用 combine39。由参考文献 [148] 可知：型钢混凝土梁拉区和压区的黏结-滑移曲线相似，因此，拉区和压区采用相同的界面连接单元本构关系，即第 4 章的局部本构关系。混凝土开裂剪力传递系数 0.4，闭合剪力传递系数 1.0，输入混凝土单轴抗拉强度，不考虑混凝土压碎。由于结构对称，采用 $\frac{1}{2}$ 模型。试件 L1 有限元模型如图 6.3 所示。

2. 计算结果与分析

（1）型钢应力分布云图。

图 6.4 分别为三个试件极限荷载时型钢的应力分布云图。

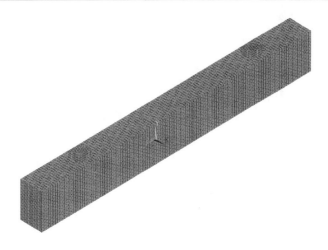

图 6.3　有限元模型

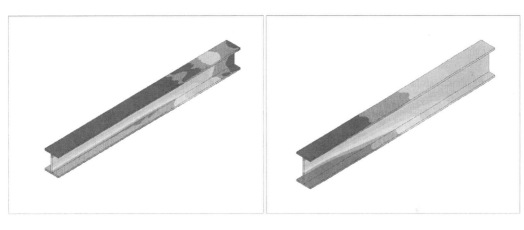

（a）L1　　　　　　　　　　　　　　　　（b）L2

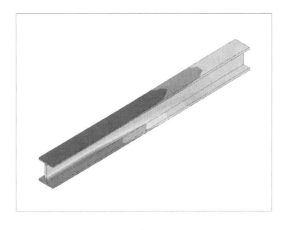

（c）L3

图 6.4　型钢应力分布云图

由型钢应力分布云图可知，三种不同剪跨比、工字钢对称布置和非对称布置情况下，极限荷载下纯弯段内型钢截面应变分布都满足平截面假定。试件 L1 剪跨比 λ 为 1，破坏类型为剪切破坏，极限荷载时型钢拉区应力未达到屈服强度；试件 L2 和 L3 剪跨比较大，分别发生弯曲破坏和弯剪破坏，极限荷载时型钢拉区应力均达到屈服强度。试件 L1 型钢偏置于受拉区，剪切破坏时其拉区型钢最大应力仅为 109 MPa，还未达到其屈服强度（235 MPa）的一半。试件 L2 型钢为充盈型布置，弯曲破坏时，由于中和轴上升，型钢拉区最大应力达到屈服强度，而压区最大应力为 255 MPa，未达到屈服强度 335 MPa。试件 L3 型钢为非充盈型布置，弯曲破坏时，随中和轴上升，型钢拉区最大应力达到屈服强度，而压区最大应力仅有 82 MPa，未达到屈服强度。

（2）裂缝分布形态。

图 6.5 分别为三个试件极限荷载时的裂缝分布图。

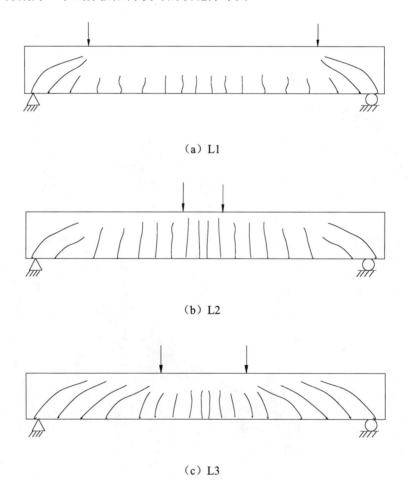

（a）L1

（b）L2

（c）L3

图 6.5　裂缝分布图

由裂缝分布图可知，极限荷载时剪切破坏试件 L1 在加载点与支座连线附近形成主斜裂缝，斜裂缝发展充分，纯弯段内垂直裂缝还未发展至梁高的一半；试件 L2 发生弯曲破坏，破坏时纯弯段内垂直裂缝延伸较高；试件 L3 发生弯剪破坏，破坏时纯弯段内的弯曲裂缝和弯剪段斜裂缝都得到了充分的发展。

（3）荷载-挠度曲线。

试件 L2 发生弯曲破坏，图 6.6 为其极限荷载时的竖向位移图，其荷载-挠度曲线如图 6.7 所示。图中，实线代表计算曲线，虚线代表试验曲线，二者吻合较好。由图可知，型钢轻骨料混凝土梁的 P-f 关系曲线可分为明显的三个阶段。第一阶段：OA 弹性工作阶段；第二阶段：AB 屈服段；第三阶段：BC 刚度软化阶段。B 点对应极限承载力和极限变形。

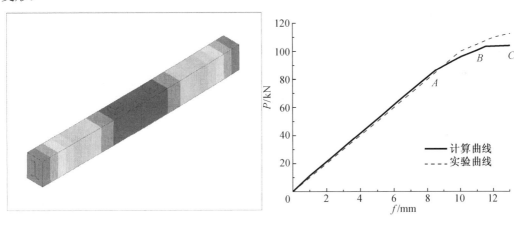

图 6.6　试件 L2 竖向位移图　　　　图 6.7　试件 L2 荷载-挠度曲线

（4）承载力比较。

试件在考虑黏结滑移情况下的极限承载力有限元计算值 P_{uc} 与试验值 P_{ut} 的比较见表6.2。承载力计算值和试验值之比为 98.7%。

表6.2　承载力比较

试件	P_{uc}/kN	P_{ut}/kN	P_{uc}/P_{ut}
L1	115	110	1.05
L2	103.4	117.5	0.88
L3	80	78	1.03

参考文献[108]在未考虑黏结的情况下对试件 L2 进行了有限元分析。计算结果表明，未考虑黏结试件 L2 计算的极限承载力为 130 kN，比试验值高出了 10.74%，而且刚度偏大。本章对试件 L1 和 L3 进行了非考虑黏结的有限元计算，承载力分别比试验值高出13.6% 和 9.1%，同样存在刚度偏大的问题。引入黏结滑移本构关系后的承载力和变形计

算结果与试验值均吻合较好，说明局部黏结滑移本构关系可以较好地应用于 SRLC 构件的非线性有限元分析。

6.2 型钢轻骨料混凝土梁抗弯承载力计算方法

6.2.1 正截面抗弯承载力计算概述

型钢混凝土（SRC）受弯构件强度计算，目前国内外主要有三种思路：

（1）西方国家考虑外包混凝土的折算刚度，按钢结构设计方法计算，适用于用钢量较大的情况。

（2）苏联假定型钢和混凝土是一个整体，按中和轴位置不同分三种情况，按钢筋混凝土构件方法计算。

（3）日本的叠加方法，即将型钢（S）部分和钢筋混凝土（RC）部分的承载力叠加。

我国在《型钢混凝土结构设计规程》中建议的型钢配钢率范围为 2%～15%，较为合理的配钢率为 5%～8%。因此，我国规程规定了适合我国国情的简单叠加法和极限状态设计法。简单叠加法设计原理同日本的叠加法，极限状态设计法原理同苏联设计法。文献[156]的研究分析表明，叠加法计算结果偏保守，日本叠加法算得的承载力比我国叠加法更保守；极限状态设计法结果与试验值接近。极限状态法计算复杂，但计算精度较高，叠加法计算简便易于掌握但较保守，因此，我国工程设计人员多采用叠加法。

1. 国外分析方法

按折算刚度的计算方法，如果 S 部分和 RC 部分能保证完全的共同工作，那么按照钢筋混凝土构件的正截面计算理论是合理的，且与试验结果吻合较好，但计算复杂，有时不够安全。相比而言，叠加方法的计算方法简便实用，不期望型钢和混凝土之间的黏结力，而且日本在这一方面做了较多的试验，计算偏于保守。日本在型钢混凝土结构方面的试验与应用实例较多，下面就日本规范关于型钢混凝土梁正截面受弯承载力的计算方法进行介绍。

根据以下假定，弯曲构件的正截面承载力为型钢部分和钢筋混凝土部分的承载力之和。

（1）型钢部分的钢材不发生屈曲。

（2）钢筋混凝土部分和普通钢筋混凝土构件相同。

梁的受弯计算可按下式的简单叠加强度式来进行（图 6.8）：

$$M \leqslant {}_sM_0 + {}_rM_0 \tag{6.1}$$

式中，M 为设计弯矩；${}_sM_0$ 为型钢部分的允许弯矩；${}_rM_0$ 为钢筋混凝土部分的允许弯矩。

$$_sM_0 = {_sZ} \cdot {_sf_b} \tag{6.2}$$

式中，$_sZ$ 为型钢的截面系数；$_sf_b$ 为钢材的允许弯曲应力。

$$_rM_0 = {_ma_t} \cdot {_mf_t} \cdot {_rj} \tag{6.3}$$

$$_rj = \frac{7}{8}{_rd} \tag{6.4}$$

式中，$_ma_t$ 为受拉钢筋的截面面积；$_mf_t$ 为钢筋的允许拉应力；$_rd$ 为受压区边缘到拉伸钢筋重心的距离。

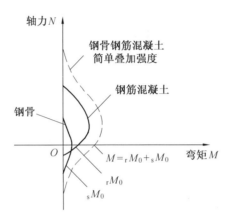

图 6.8　叠加强度

【例 6.1】

试设计承受短期弯矩 M=125 t·m（上边缘为弯曲受拉边）作用的型钢混凝土梁，梁的 b=45 cm，D=85 cm，混凝土 F_c=210 kg/cm^2，型钢为 SM50，钢筋为 SD30，如图 6.9 所示。

假定型钢截面后，设计钢筋混凝土部分。

① 型钢部分。

假定型钢截面采用 SRC 热轧型钢 H-604×200×11×19，（$_sZ$=2 810 cm^3），则型钢部分的短期容许弯矩 $_sM_0$ 为

$$_sM_0 = {_sZ} \cdot {_sf_b} = 2\,810 \times 3\,300 = 92.7\,(\text{t} \cdot \text{m})$$

② 钢筋混凝土部分。

钢筋混凝土部分的设计弯矩为

$$_rM_0 = M - {_sM_0} = (125 - 92.7) \times 10^5 = 32.3 \times 10^5\,(\text{kg} \cdot \text{cm})$$

对于双排钢筋，有效高度为

$$_rd = \frac{2 \times 63 + 2 \times 78}{4} = 70.5 \text{ (cm)}$$

所以，受拉侧所需的钢筋用量 $_m a_t$ 为

$$_m a_t = \frac{_r M_0}{\left(_m f_t \cdot \frac{7}{8} _r d\right)} = \frac{32.3 \times 10^5}{\left(3\,000 \times \frac{7}{8} \times 70.5\right)} = 17.5 \text{ (cm}^2)$$

取 $4 - D25(_m a_t = 20.28 \text{ cm}^2)$，截面配筋如图 6.9 所示。

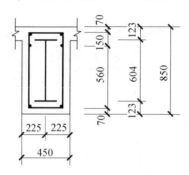

图 6.9　例 6.1 题图

③ 验算是否小于最小配筋率。

计算钢筋混凝土部分的界限配筋率，取 $_r d$=70.5 cm, $_r d_c$=7 cm, γ=0.5, n=5, $_m f_t$=3 000 kg/cm², f_c=140 kg/cm²，则有

$$_m \rho_{tb} = \frac{1}{2} \frac{1}{\left(1 + \frac{3\,000}{15 \times 140}\right)\left[\frac{3\,000}{140}\left(1 + 0.5 \times \frac{7}{70.5}\right) - 15 \times 0.5\left(1 - \frac{7}{70.5}\right)\right]} = 0.013$$

与此相比，$_m \rho_t = \frac{_m a_t}{b \cdot _r d} = \frac{17.5}{45 \times 70.5} = 0.005\,5 < _m \rho_{tb} = 0.013$，小于界限配筋率，所以得知可以采用上述计算结果。

2. 我国的分析方法

我国对型钢混凝土梁正截面强度的计算方法有两种：一种是按照极限状态时的强度计算方法（一般叠加法）；另一种是简单叠加方法。

（1）极限状态时的强度计算方法。

计算理论的基本假定。

① 变形前为平面的截面，变形后仍保持为平面，不考虑型钢与混凝土之间的相对滑移，即按型钢与混凝土是一个整体共同工作。简单来说，截面应变分布符合平截面假定。

② 不考虑混凝土的抗拉强度。

③ 混凝土受压应力-应变关系曲线可按 YB 9082—97 选用。混凝土的实际应力如图 6.10（b）所示，为抛物线分布。但理论计算的应力如图 6.10（c）所示，取最大压应力 f_{cm} 的矩形应力块，应力块的高度 x 取实际受压区高度 x_p 的 80%，极限压应变 ε_{cu} 取 0.003 3。

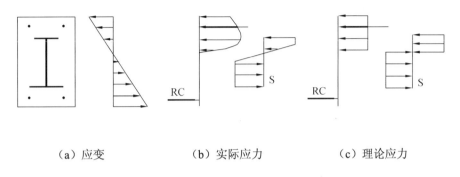

（a）应变　　　　　　（b）实际应力　　　　　　（c）理论应力

图 6.10　型钢混凝土梁极限状态时的应力和应变

④ 钢材和钢筋的应力取应变与其弹性模量的乘积，但不得大于各自的强度设计值。其实际应力分布如图 6.10（b）所示，但可以简化成图 6.10（c）所示的双矩形应力分布，矩形块的应力值为钢材的受拉和受压强度设计值。如果考虑平截面及钢材应力全塑性假定的误差以及黏结滑移等，型钢的设计强度可以乘以 0.9 的折减系数。

⑤ 不考虑型钢板材的局部屈曲。这是由于钢筋混凝土外壳对于型钢的约束，并已为试验所证明了的。

⑥ 型钢混凝土梁的界限相对受压区高度可按混凝土结构设计规范的有关规定计算：

$$\xi_b = \frac{x_b}{h_0} = \frac{0.8}{1 + \frac{0.9 f_{ay}}{0.003\,3 E_{ss}}} \tag{6.5}$$

式中，h_0 为受拉型钢和受拉钢筋合力作用点至混凝土受压区最外边缘的距离；x_b 为界限受压区高度；f_{ay} 为型钢抗拉强度设计值；0.9 为型钢设计强度折减系数；E_{ss} 为型钢的弹性模量。

基于以上基本假定的正截面计算方法适用于各种截面形式和型钢配置的情况，具有一般实用性。

型钢为对称配置的矩形截面型钢混凝土梁正截面承载力计算，矩形截面正截面强度计算有三种情况：a.中和轴不过型钢；b.中和轴经过型钢腹板；c.中和轴经过型钢上翼缘。当型钢上、下翼缘相等且中和轴经过型钢腹板时，正截面强度计算如图 6.11 所示。构件截面受压区高度 x 按下式计算：

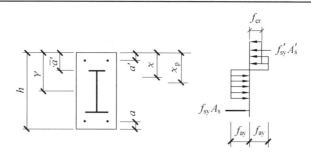

图 6.11　矩形截面正截面强度计算图

$$x = \frac{1.8 f_{ay} \gamma \delta_w + f_{sy} A_s - f_{sy}' A_s' + f_{cm}(A_s' + A_{ssf}' - \overline{a}' \delta_w)}{f_{cm}(b - \delta_w) + 2.25 f_{ay} \delta_w} \tag{6.6}$$

式中，γ 为型钢截面重心至构件受压区边缘的距离；$\overline{a}'$ 为型钢受压翼缘重心至截面受压区外边缘的距离；δ_w 为型钢腹板的厚度；A_{ssf}' 为型钢受压翼缘面积。

当 $x \leqslant \xi_b h_0$ 时，截面强度按下列公式计算：

$$M \leqslant f_{cm} b \frac{x^2}{2} + f_{sy} A_s (h - x - a) + (f_{sy}' - f_{cm}) A_s' (x - a') +$$
$$0.9 f_{ay} [\overline{W} + (\gamma - x)^2 \delta_w] - f_{cm}(x - \overline{a}') \left[A_{ssf}' + (x - \overline{a}') \frac{\delta_w}{2} \right] \tag{6.7}$$

式中，h 为梁截面高度；a 为受拉钢筋重心到构件受拉外边缘的距离；$\overline{W}$ 为型钢的塑性抵抗矩，对于轧制工字钢和槽钢，$\overline{W} \approx 1.17 W$；$W$ 为型钢的弹性抵抗矩。

当 $x \geqslant \xi_b h_0$ 时，取 $x = \xi_b h_0$，仍用式（6.7）计算。

当采用极限状态强度计算方法时，得到的结果与试验结果吻合较好，但用于实际工程计算较为复杂。

【例 6.2】

型钢混凝土梁截面 b=450 mm，h=850 mm（图 6.12），混凝土 C30，型钢为 16 Mn，Ⅱ 级钢筋，型钢截面选用热轧 H 型钢–HZ600(600×220×12×19，W=3 069 cm³)，只在拉区配置受力钢筋 A_s=1 115 mm²，试确定梁截面所能承担的负弯矩。

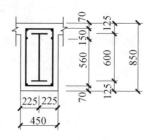

图 6.12　例 6.2 题图

解：由式（6.6）可求得截面受压区高度 x：

$$x = \frac{1.8 f_{ay} \gamma \delta_w + f_{sy} A_s - f'_{sy} A'_s + f_{cm}(A'_s + A'_{ssf} - \overline{a}' \delta_w)}{f_{cm}(b - \delta_w) + 2.25 f_{ay} \delta_w}$$

$$= \frac{1.8 \times 315 \times 4.25 \times 12 + 310 \times 115 + 16.5 \times (4\,180 - 134.5 \times 12)}{16.5 \times (450 - 12) + 2.25 \times 315 \times 12}$$

$$= 208.5 \ (\text{mm})$$

由式（6.7）可得截面所能承担的弯矩 M_u：

$$M_u = 0.9 f_{ay} \left[\overline{W} + (\gamma - x)^2 \delta_w \right] - f_{cm}(x - \overline{a}') \left[A'_{ssf} + (x - \overline{a}') \frac{\delta_w}{2} \right]$$

$$+ f_{cm} b \frac{x^2}{2} + f_{sy} A_s (h - x - a) + (f'_{sy} - f_{cm}) A'_s (x - a')$$

$$= 0.9 \times 315 \times \left[3\,590\,000 + (425 - 208.5)^2 \times 12 \right]$$

$$- 16.5 \times (208.5 - 134.5) \times \left[4\,180 + (208.5 - 134.5) \times 6 \right]$$

$$+ 16.5 \times 450 \times \frac{208.5^2}{2} + 310 \times 111.5 \times (850 - 208.5 - 145)$$

$$= 1\,333 \ (\text{kN} \cdot \text{m})$$

验算 ξ，

$$h_0 = \frac{2 \times 630 + 2 \times 780}{4} = 705 \ \text{mm}$$

$$\xi = \frac{x}{h_0} = \frac{208.5}{705} = 0.295\,7 < \xi_b$$

由截面相对受压区高度 ξ 可算得内力臂系数 $\gamma_s = 0.851\,4$，所以截面所能承担的负弯矩是 1 333 kN·m。

（2）简单叠加方法。

对于如图 6.13 所示型钢为对称配置截面的梁，其受弯承载力计可采用以下简单叠加方法：

图 6.13　型钢混凝土梁（型钢为对称配置的截面）

$$M \leqslant M_{\text{by}}^{\text{ss}} + M_{\text{bu}}^{\text{rc}} \qquad (6.8)$$

式中，M 为弯矩设计值；$M_{\text{by}}^{\text{ss}}$ 为梁中型钢部分的受弯承载力；$M_{\text{bu}}^{\text{rc}}$ 为梁中钢筋混凝土部分的受弯承载力。

① 梁中型钢部分的受弯承载力，按下列公式计算：

无地震作用组合时

$$M_{\text{by}}^{\text{ss}} = \gamma_{\text{s}} w_{\text{ss}} f_{\text{ss}} \qquad (6.9)$$

地震作用组合时

$$M_{\text{by}}^{\text{ss}} = \frac{1}{\gamma_{\text{RE}}} (\gamma_{\text{s}} w_{\text{ss}} f_{\text{ss}}) \qquad (6.10)$$

式中，w_{ss} 为型钢截面的抵抗矩，当型钢截面有空洞时应取净截面的抵抗矩；γ_{s} 为截面塑性发展系数，对工字型型钢截面，$\gamma_{\text{s}} = 1.05$；f_{ss} 为型钢的抗拉、压、弯强度设计值。

② 梁中钢筋混凝土部分的受弯承载力，按下列公式计算：

无地震作用组合时

$$M_{\text{bu}}^{\text{rc}} = A_{\text{s}} f_{\text{sy}} \gamma h_{\text{b0}} \qquad (6.11)$$

有地震作用组合时

$$M_{\text{bu}}^{\text{rc}} = \frac{1}{\gamma_{\text{RE}}} (A_{\text{s}} f_{\text{sy}} \gamma h_{\text{b0}}) \qquad (6.12)$$

式中，A_{s} 为受拉钢筋面积；f_{sy} 为受拉钢筋抗拉强度设计值；γh_{b0} 为受拉钢筋面积形心到混凝土受压区压力合力点的距离，按现行国家标准《混凝土结构设计规范》（GB 50010—2010）中的受弯构件进行计算。在计算中，取 $f_{\text{cm}} = f_{\text{c}}$，且受压区混凝土宜扣除型钢的面积；$h_{\text{b0}}$ 为受拉钢筋面积形心到截面受压边缘的距离。

式（6.8）仅考虑了 S 部分与 RC 部分承载力的简单叠加，没有考虑型钢与混凝土的组合作用，因此其计算结果偏于保守。事实上，SRC 截面承受弯矩作用时，S 部分为偏心受拉，RC 部分为偏心受压。S 部分的拉力与 RC 部分的压力数值大小相等，所组成的力矩也将抵抗一部分弯矩。但是，简单叠加方法使用方便，易于掌握。

对于图 6.14 和图 6.15 所示的两种情况，如果按照简单叠加方法计算，就过于保守。如采用图 6.14 所示的受拉翼缘大于受压翼缘的非对称型钢截面，则可将受拉翼缘大于受压翼缘的面积作为受拉钢筋考虑，然后按式（6.8）计算。对于图 6.15 所示型钢偏置在受拉区的非对称截面，可按照现行国家标准《钢结构设计标准》（GB 50017—2017）中钢与混凝土组合梁的设计方法计算正截面受弯承载力。同时应在型钢上翼缘设置剪力连接件。

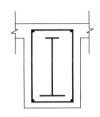

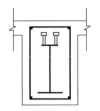

图 6.14　型钢为非对称配置的截面　　　　　图 6.15　型钢偏置于受拉区配置的截面

【例 6.3】

型钢混凝土梁截面 b=450 mm，h=850 mm（图 6.16），混凝土 C30，型钢为 16Mn，Ⅱ级钢筋。承受负弯矩设计值 M=1 250 kN·m，试确定梁截面的配筋。

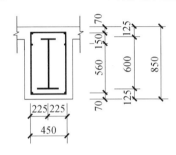

图 6.16　例 6.3 题图

解：假定型钢截面选用热轧 H 型钢-HZ600(600×220×12×19，W_{ss}=3 069 cm³)，则型钢部分：

$$M_{sy}^{ss} =1.05 \times 3\,069 \times 10^3 \times 315 = 1\,015.1 \ (\text{kN·m})$$

钢筋混凝土部分的弯矩设计值：

$$M_{bu}^{rc} =1\,250-1\,015.1=234.93 \ (\text{kN·m})$$

设采用两排钢筋，有效高度：

$$h_0 = \frac{2 \times 630 + 2 \times 780}{4} = 705 \ (\text{mm})$$

$$\alpha_s = \frac{M_{bu}^{rc}}{f_c b h_0^2} = \frac{234.93 \times 10^6}{15 \times 450 \times 705^2} = 0.07 < \alpha_{smax} = 0.396$$

$$\gamma = \frac{1+\sqrt{1-2\alpha_s}}{2} = 0.964$$

$$A_s = \frac{M_{bu}^{rc}}{f_{sy}\gamma h_0} = \frac{234.93 \times 10^6}{310 \times 0.964 \times 705} = 1\,115 \ (\text{mm}^2)$$

配 $4\Phi20(A_\mathrm{s}=1\,256\ \mathrm{mm}^2)$

$$A_\mathrm{s} > \rho_{\min}bh = 0.15\% \times 450 \times 850 = 574\ (\mathrm{mm}^2)$$

6.2.2　改进叠加法

文献对型钢普通混凝土的计算分析表明,简单叠加法与试验结果的误差在 20%左右。叠加法只考虑了型钢和混凝土强度的简单叠加,没有考虑由于黏结作用二者相互约束对承载力的提高。由于简单叠加法中型钢承载力项引入了大于 1.0 的截面塑性发展系数,对于型钢对称放置的 SRC 梁,造成误差的主要原因在于混凝土项。前面的试验研究表明,轻骨料混凝土和型钢之间的黏结力并不比普通混凝土差,不能忽略二者的组合作用。因此,SRLC 梁的设计可以 SRC 梁的叠加法公式为基础,考虑型钢对轻骨料混凝土部分的加强作用,引入混凝土部分抗弯承载力修正系数 α_rc,对简单叠加法公式进行修正,从而得到精度较高的改进叠加法公式。

1. 计算假定

钢筋混凝土部分采用现行《混凝土结构设计规范》(GB 50010—2010)中的四条假定:平截面假定,不考虑混凝土抗拉强度,混凝土应力-应变关系假定和钢筋应力、应变假定。型钢部分的计算应力分布为对称三角形,如图 6.17 所示。

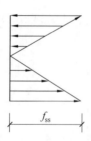

f_ss

图 6.17　型钢理论应力分布

2. 计算公式

改进叠加法的抗弯承载力计算公式为

$$M \leqslant M_\mathrm{by}^\mathrm{ss} + \alpha_\mathrm{rc} M_\mathrm{bu}^\mathrm{rc} \tag{6.13}$$

$M_\mathrm{by}^\mathrm{ss}$ 为型钢部分抗弯承载力。6.1 节有限元分析表明实际型钢部分为偏心受拉,理论计算弯矩小于实际值,为减小计算弯矩与实际弯矩的差值,在型钢部分的计算中引入了截面塑性发展系数 γ_s,对工字形型钢截面取 $\gamma_\mathrm{s}=1.05$,即

$$M_\mathrm{by}^\mathrm{ss} = \gamma_\mathrm{s} W_\mathrm{ss} f_\mathrm{ss} \tag{6.14}$$

式中，W_{ss} 为型钢截面抵抗矩；f_{ss} 为型钢部分的抗拉、压、弯强度设计值。M_{bu}^{rc} 为钢筋混凝土部分的抗弯承载力，按现行《混凝土结构设计规范》中的规定计算。

目前，我国仅对型钢轻骨料混凝土梁进行了少量试验，天津大学、苏州科技学院、东北大学和辽宁工程技术大学对 SRLC 梁的受力性能进行了试验研究。表 6.3 为试件的截面参数、极限承载弯矩试验值 M_{ut}、理论计算的 M_{by}^{ss}、M_{bu}^{rc} 和按式（6.1）反算出的 α_{rc} 值。表中 A 组试件为天津大学；B 组试件为苏州科技学院；C 组试件为东北大学；D 组试件为华中科技大学；E 组试件为西安建筑科技大学；F 组试件为南京理工大学。表中 A~C 组试件为 SRLC 梁；D~F 组试件为 SRC 梁。

表 6.3　α_{rc} 与相关参数

试件分组	试件编号	$b \times h$ /(mm×mm)	型钢	箍筋	受拉纵筋	ρ_{ss} /%	ρ_s /%	ρ/ρ_s	α_{rc}	M_{by}^{ss} /(kN·m)	M_{bu}^{rc} /(kN·m)	M_{ut} /(kN·m)
A组	SRLCB-3	170×260	I 10	φ6@150	2φ12	3.24	0.52	7.23	1.8	16.2	17.6	48
	SRLCB-4	170×260	I 10	φ6@150	2φ18	3.24	1.15	3.817	1.14	16.2	35	56
	SRLCB-6	170×260	I 14	φ6@150	2φ12	4.86	0.52	10.3	1.84	33.6	17.6	66
	SRLCB-7	170×260	I 14	φ6@250	2φ12	4.86	0.52	10.3	1.73	33.6	17.6	64
B组	L1	200×260	I 16	φ6@100	2φ16	5.02	0.77	7.52	1.95	49.5	28.8	105.7
	L2	200×260	I 16	φ6@100	2φ16	5.02	0.77	7.52	1.95	49.5	32	112
C组	L-1	210×300	I 10	φ6.5@200	2φ10	2.27	0.25	10.08	2.6	12	15.2	52.2
	L-3	200×200	I 10	φ6.5@200	2φ10	3.58	0.39	10.18	2.5	12	10	37
D组	L1	200×400	I 12	φ6@100	2φ16	2.3	0.5	5.6	1.868	25.6	44	107.8
	L1a	200×400	I 12	φ6@100	3φ18	2.3	0.95	3.42	1.378	25.6	81	137.2
	L2	200×400	I 20b	φ6@100	2φ16	4.9	0.5	10.8	2.313	82.75	44	184.5
	L2a	200×400	I 20b	φ6@100	3φ18	4.9	0.95	6.16	1.740	82.75	81	223.7
E组	SBII-2	180×240	I 16	φ6@200	2φ16	6.04	0.93	7.49	1.605	48.1	28.64	94.08
	SBII-4	180×280	I 16	φ6@100	2φ16	5.18	0.8	7.48	1.89	48.1	34.7	113.9
F组	试件3	180×250	HW100×100	φ6@200	2φ12	4.87	0.5	10.74	2.12	21.7	17.1	58
	试件4	180×250	HW100×100	φ6@100	2φ12	4.87	0.5	10.74	2.17	21.7	17.1	58.8

注：ρ_s 为纵向受拉钢筋配筋率；$\rho = \rho_s + \rho_{ss}$。

α_{rc} 与型钢配钢率 ρ_{ss} 和纵筋配筋率 ρ_s 有关。随 ρ_{ss} 增大，型钢对混凝土的约束作用增强，混凝土部分承载力提高显著，α_{rc} 增大；随 ρ_s 增大，混凝土自身承载力提高，型钢对其约束作用相对减弱，α_{rc} 减小。绘制 α_{rc} 与 ρ/ρ_s 相关图，如图 6.18 所示。

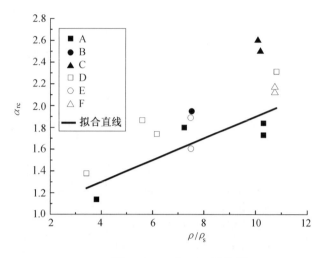

图 6.18　α_{rc} 与 ρ/ρ_s 相关图

图 6.18 表明，α_{rc} 随 ρ/ρ_s 增大有增大趋势，可拟合二者线性关系，如式（6.15）所示。SRLC 和 SRC 梁的正截面抗弯承载力计算可采用相同的系数 α_{rc}。A～C 组是型钢轻骨料混凝土试件，试验数据较 D～F 组普通混凝土分散，而且在拟合直线下方的点较普通混凝土多，说明轻骨料混凝土的材质更具不均匀性。

$$\alpha_{rc} = 0.9 + 0.1\frac{\rho}{\rho_s} \quad (1.0 \leqslant \alpha_{rc} \leqslant 2.0) \tag{6.15}$$

式（6.15）表明，当 ρ/ρ_s=0 时，α_{rc}=1.0，此值和钢筋混凝土（RC）梁抗弯承载力计算公式衔接。随 ρ/ρ_s 增大，α_{rc} 增大。本次分析中，$2.3 \leqslant \rho_{ss} \leqslant 6.04$，$3.4 \leqslant \rho/\rho_s \leqslant 10.8$，$\alpha_{rc}$ 计算值小于 2。因此，使用公式（6.15）时，应满足 $1.0 \leqslant \alpha_{rc} \leqslant 2.0$。

3. 计算结果对比

应用式（6.1）～（6.3）对表 6.3 中的试件进行计算，将试验结果与简单叠加法和改进叠加法比较，见表 6.4，表中 α_{rc}^0 为按式（6.15）的计算值。

表中 M_{u1} 和 M_{u2} 分别为简单叠加法和改进叠加法计算值。M_{u2}/M_{ut} 的平均值为 0.95，均方差为 0.066，满足工程精度要求。改进后的叠加法和简单叠加法相比，计算精度提高了很多，不仅适用于 SRC 梁，而且也适用于 SRLC 梁，计算上简便可靠，可为工程设计人员采用。

表 6.4　试验结果与简单叠加法和改进叠加法计算值比较

试件分组	试件编号	M_{ut} /(kN·m)	简单叠加法		改进叠加法		α_{rc}	α_{rc}^0	$\alpha_{rc}^0 / \alpha_{rc}$
			M_{u1}/(kN·m)	M_{u1}/M_{ut}	M_{u2}/(kN·m)	M_{u2}/M_{ut}			
A 组	SRLCB-3	48	33.8	0.70	44.76	0.93	1.8	1.623	0.90
	SRLCB-4	56	51.2	0.91	61.06	1.09	1.14	1.282	1.12
	SRLCB-6	66	51.2	0.78	67.57	1.02	1.84	1.93	1.05
	SRLCB-7	64	51.2	0.8	67.57	1.06	1.73	1.93	1.12
B 组	L1	105.7	78.3	0.74	97.08	0.92	1.95	1.652	0.85
	L2	112	81.5	0.73	102.36	0.91	1.95	1.652	0.85
C 组	L-1	52.2	31.2	0.6	45.00	0.86	2.6	1.908	0.74
	L-3	37	26	0.70	35.18	0.95	2.5	1.918	0.77
D 组	L1	107.8	69.6	0.65	89.84	0.83	1.868	1.46	0.78
	L1a	137.2	106.6	0.78	126.20	0.92	1.378	1.242	0.90
	L2	184.5	126.75	0.69	169.87	0.92	2.313	1.98	0.86
	L2a	223.7	163.75	0.73	205.55	0.92	1.740	1.516	0.88
E 组	SBⅡ-2	94.08	76.74	0.82	95.33	1.01	1.605	1.649	1.03
	SBⅡ-4	113.9	82.8	0.73	105.29	0.92	1.89	1.648	0.87
F 组	试件 3	58	38.8	0.67	55.46	0.96	2.12	1.974	0.93
	试件 4	58.8	38.8	0.66	55.46	0.94	2.17	1.974	0.91
平均值				0.73		0.95			
均方差				0.073		0.066			

上述公式是基于试件内型钢对称放置建立的。当型钢偏置于受拉区时，型钢部分的偏心拉力和混凝土部分的偏心压力增大，按上述公式计算较安全。欲准确求其抗弯承载力，可参考文献[20]和[160]中的方法。实际工程中，一般的型钢混凝土梁型钢对称放置，因此，改进叠加法具有实际工程应用价值。

6.3　型钢轻骨料混凝土梁斜截面抗剪承载力计算方法

6.3.1　概述

1. 斜截面破坏形态

文献[102]、[103]、[117]对 SRLC 梁的抗剪性能进行了试验研究，剪跨比λ范围为 1～3.8；文献[158]、[159]、[161]、[162]对 SRC 梁的抗剪性能进行了试验研究，剪跨比λ范围为 1～3。上述试件中型钢有对称放置和非对称放置两种情况；混凝土立方体抗压强度

f_{cu} 从 C25 到 C45；试件最小截面尺寸为 170 mm×270 mm，最大截面尺寸为 180 mm× 600 mm，配箍率和型钢配钢率都有变化，因此，该组试件能够较好地反映斜截面的整体抗剪性能。上述对 SRLC 和 SRC 梁的抗剪试验研究表明，SRLC 梁和 SRC 梁的受剪性能、破坏形态相同。

SRLC 和 SRC 梁的剪切破坏形态主要有两种：斜剪破坏和剪切黏结破坏。

斜剪破坏类似于普通 RC 梁的破坏形态，随剪跨比不同有三种破坏形式：斜压破坏、剪压破坏和弯剪破坏。

当剪跨比 λ<1.5 时，临近极限荷载时，在加载点与支座连线附近形成主斜裂缝，从而混凝土被分成与斜裂缝几乎平行的斜向受压短柱。当型钢屈服之后，随之混凝土斜向被压碎而达到极限承载力，这种斜截面破坏形态被称为斜压破坏。这种破坏形式通常通过限制截面最小尺寸来避免。

在剪跨比 1.5≤λ≤2.5 且配钢率较小的情况下，会产生斜裂缝端部剪压区混凝土在正应力和剪应力共同作用下的剪压破坏。

剪跨比 λ>2.5 时，梁的承载力受弯曲应力的影响明显增加，发生弯剪破坏。

当剪跨比较大、型钢侧向保护层厚度较小时，由于型钢翼缘外两侧混凝土的应力集中，容易在型钢上下翼缘处产生水平的剪切劈裂裂缝，若不配置箍筋或箍筋配置不足，就会发生剪切黏结破坏。

剪压破坏、弯剪破坏和剪切黏结破坏需要通过计算来保证。

2. 国内外斜截面抗剪承载力计算方法

不同国家 SRC 构件抗剪计算采用的方法不同。美国 ACI 规范没有明确剪切黏结破坏和斜剪破坏的区别，也没有明确 SRC 构件的抗剪承载力计算方法，只规定了 RC 构件的承载力计算公式。日本的 AIJ-SRC 规范采用叠加原理计算组合构件的抗剪强度。日本规范虽然在承载力计算中考虑了剪切黏结破坏，但没有考虑型钢和混凝土之间的黏结作用。苏联的 SRC 结构设计指南和美国的 NEHRP 抗震规范中忽略混凝土的抗剪强度，只计算型钢腹板和箍筋抗剪强度。我国《组合结构设计规范》中采用叠加法分别计算混凝土、箍筋和型钢腹板对承载力的贡献，计算公式中没有考虑可能发生的剪切黏结破坏形式，只考虑了剪跨比对承载力的影响。

（1）ACI 规范。

ACI 规范中 RC 构件的抗剪承载力 $(V_n)_{rc}$ 由两部分组成：

$$(V_n)_{rc} = V_r + V_c \qquad (6.16)$$

式中，V_r 代表钢筋部分承担的剪力；V_c 代表混凝土部分承担的剪力。

$$V_r = \frac{A_v F_{yh} d}{S} \leqslant 0.67\sqrt{f_c'}bd \qquad (6.17)$$

受弯和承受轴向压力作用下混凝土部分承担的剪力为

$$V_c = 0.17\left(1 + 0.073\frac{N_u}{A_g}\right)\sqrt{f_c'}bd \tag{6.18}$$

式中，f_c' 为混凝土的抗压强度；b 和 d 分别为梁宽和截面有效高度；N_u 为轴向压力；A_g 为混凝土毛截面面积；A_v、F_{yh} 分别为箍筋间距 S 内横向箍筋的截面面积和屈服强度设计值。

（2）AIJ-SRC 规范。

日本规范采用叠加法计算 SRC 构件的抗剪承载力 $(V_n)_{comp}$，即

$$(V_n)_{comp} = {}_sV_u + {}_rV_u \tag{6.19}$$

式中，${}_sV_u$ 为型钢部分抗剪承载力；${}_rV_u$ 为钢筋混凝土部分抗剪承载力。

$$_sV_u = \min\left(\sum\frac{{}_sM_u}{l'}, t_w d_w \frac{F_{ys}}{\sqrt{3}}\right) \tag{6.20}$$

$$_rV_u = \min\left(\frac{\sum {}_rM_u}{l'}, {}_rV_{su}\right) \tag{6.21}$$

式中，${}_sM_u$、${}_rM_u$ 分别为型钢和 RC 部分分配的弯矩；l' 为组合梁净跨；F_{ys} 为型钢的屈服强度设计值；t_w、d_w 分别为型钢腹板的厚度和高度；${}_rV_{su}$ 为混凝土部分由剪切破坏控制的抗剪承载力。

$$_sV_u = \min({}_rV_{su1}, {}_rV_{su2}) \tag{6.22}$$

$$_rV_{su1} = B \cdot {}_rj \cdot (0.5 \cdot {}_r\alpha \cdot f_s + 0.5 \cdot \rho_w \cdot F_{yh}) \tag{6.23}$$

$$_rV_{su2} = B \cdot {}_rj \cdot \left(\frac{b'}{B}f_s + \rho_w \cdot F_{yh}\right) \tag{6.24}$$

式中，${}_rV_{su1}$ 和 ${}_rV_{su2}$ 分别为混凝土部分由斜剪破坏和剪切黏结破坏得到的抗剪承载力；b'、B 分别为混凝土有效截面宽度和组合截面梁宽；f_s、F_{yh} 分别为混凝土的抗剪强度和横向箍筋的屈服强度；ρ_w 为配箍率；${}_r\alpha$ 为 RC 部分剪跨比相关系数；${}_rj$ 为弯矩作用下拉力合力作用点和压力合力作用点之间的距离。

（3）NEHRP 规范。

NEHRP 规范中只考虑型钢腹板和箍筋抗剪强度，忽略了混凝土部分抗剪强度。组合截面的抗剪承载力 $(V_n)_{comp}$：

$$(V_n)_{comp} = (V_n)_s + (V_n)_r \quad\quad （6.25）$$

式中，$(V_n)_s$ 为型钢部分承担的剪力；$(V_n)_r$ 计算同式（6.17）。

$$(V_n)_s = 0.6F_{ys}A_{ws} \quad\quad （6.26）$$

式中，A_{ws} 为型钢腹板面积，其他参数规定同前。

NEHRP 规范中只考虑型钢腹板对抗剪承载力的贡献，按式（6.26）计算。

（4）我国《组合结构设计规范》。

我国《组合结构设计规范》规定了组合截面的抗剪承载力 V_u 由 RC 部分抗剪承载力 V_{rc} 和型钢部分抗剪承载力 V_{ss} 组成。

非抗震设计时，以集中荷载为主的型钢普通混凝土独立梁斜截面抗剪承载力计算公式为

$$V_b \leqslant V_u = V_{rc} + V_{ss} = \frac{0.2}{1.5+\lambda}f_c b h_0 + \frac{f_{yv}A_{sv}h_0}{s} + \frac{0.58}{\lambda}f_a t_w h_w \quad\quad （6.27）$$

一般情况下的型钢混凝土框架梁按下式计算：

$$V_b \leqslant V_u = V_{rc} + V_{ss} = 0.08f_c b h_0 + \frac{f_{yv}A_{sv}h_0}{s} + 0.58f_a t_w h_w \quad\quad （6.28）$$

当有轴向压力作用在构件上时，需考虑轴向压力对斜截面承载力的影响，V_u 按下式计算：

$$V_c \leqslant V_u = \frac{0.2}{1.5+\lambda}f_c b h_0 + \frac{f_{yv}A_{sv}h_0}{s} + \frac{0.58}{\lambda}f_a t_w h_w + 0.07\,N \quad\quad （6.29）$$

计算中考虑了集中荷载作用为主时剪跨比对承载力的影响，剪切黏结破坏对承载力的影响在计算公式中没有体现。式中参数规定见规程。

6.3.2　斜截面抗剪承载力预测模型

美国学者 Weng C. C.考虑到 SRC 构件中实际存在的剪切黏结破坏，对抗剪承载力公式进行了修订，但修订中没有考虑型钢和混凝土的黏结作用。日本的 AIJ-SRC 规范虽然在组合截面抗剪承载力计算中考虑了剪切黏结破坏对承载力的影响，但也没有考虑型钢和混凝土的黏结作用，而且两国规范也不被我国广大工程设计人员熟悉。

SRC 和 SRLC 梁斜截面抗剪承载力计算是截面设计中的要点，剪切黏结破坏不能忽视。在前面型钢和轻骨料混凝土黏结性能试验研究的基础上，结合我国规程中 SRC 梁斜截面抗剪承载力计算模型，可推导组合截面考虑黏结作用的斜截面抗剪承载力预测模型。

1. 预测模型组成

SRLC 组合截面抗剪承载力 V_u 采用和 SRC 梁相同的组成模式，由钢筋混凝土部分抗剪承载力 V_{rc} 和型钢部分抗剪承载力 V_{ss} 两部分组成：

$$V_u = V_{rc} + V_{ss} \tag{6.30}$$

当考虑剪跨比影响时，

$$V_{ss} = \frac{0.58}{\lambda} f_a t_w h_w \tag{6.31}$$

一般情况下，

$$V_{ss} = 0.58 f_a t_w h_w \tag{6.32}$$

$$V_{rc} = \min(V_{rc1}, V_{rc2}) \tag{6.33}$$

式中，V_{rc1}、V_{rc2} 分别为混凝土部分由斜剪破坏和剪切黏结破坏得到的抗剪承载力。

2. 斜剪破坏抗剪承载力 V_{rc1}

（1）理论公式。

东北大学对 SRLC 梁做了抗剪试验，其试件混凝土采用吉林辉南火山渣，型钢采用 I 10 工字钢，箍筋采用 $\phi 6.5@200$ 的光圆钢筋，四角配置直径为 10 mm 的钢筋。按型钢规程公式（6.27）进行斜截面抗剪承载力计算，计算结果及试件参数见表 6.5。

表 6.5　型钢轻骨料混凝土梁试件参数、抗剪承载力计算值 V_{cal} 和试验值 V_{exp}

试件	破坏模式	混凝土强度 /MPa	$b \times h$ /(mm×mm)	剪跨比 λ	V_c /kN	V_{sv} /kN	V_{ss} /kN	V_{cal} /kN	V_{exp} /kN	V_{cal}/V_{exp}
L-1	弯剪破坏	20.1	210×300	2.76	53.5	18.8	19.3	91.6	70	1.3
L-2	弯剪破坏	18.9	170×270	2.3	40.6	16.7	20.7	78	78	1
L-3	弯剪破坏	20.1	200×200	3.2	35	11.8	14.9	61.7	68	0.91
L-4	弯剪破坏	18.9	200×350	2.4	62	22.3	19.8	104	85	1.2

表中 V_c 为混凝土部分承担的剪力，V_{sv} 为箍筋承担的剪力。由表 6.5 可以看出，计算值与试验值误差较大，一般计算值高于试验值。此四个试件材料强度相同，工字钢和箍筋配置相同，引起误差的主要原因是混凝土承载力 V_c 项，而 V_c 项主要和剪跨比 λ、截面尺寸有关。由试验研究结果可知，这四个试件均发生弯剪破坏，那么引起计算误差的主要原因是截面尺寸。从表 6.5 中也可以看出，混凝土部分的计算承载力值随截面尺寸增大而显著增加，同时计算值与试验值的误差也越大。因此，需考虑截面尺寸对混凝土项斜

截面抗剪承载力的影响。引入组合截面斜截面抗剪承载力混凝土项尺寸效应修正系数 α_h 进行修正，则组合截面斜剪破坏抗剪承载力 V_{rc1} 建议按下式计算：

当考虑剪跨比影响时，

$$V_{rc1} = \alpha_h \frac{0.2}{1.5 + \lambda} f_c b h_0 + \frac{f_{yv} A_{sv} h_0}{s} \quad (1.5 \leqslant \lambda \leqslant 3) \quad （6.34）$$

当构件承受均布荷载作用时，抗剪承载力提高，可参照上式取 $\lambda = 1$。

当有轴向压力作用在构件上时，需考虑轴向压力对斜截面承载力的影响，

$$V_{rc1} = \alpha_h \frac{0.2}{1.5 + \lambda} f_c b h_0 + \frac{f_{yv} A_{sv} h_0}{s} + 0.07 N \quad （6.35）$$

辽宁工程技术大学、苏州科技学院、东北大学、南京理工大学、西安建筑科技大学和华南理工大学分别对 SRLC 和 SRC 构件的抗剪承载力进行了试验研究。表 6.6 为 SRC 和 SRLC 试件参数、抗剪承载力试验值、计算值和反算的混凝土项尺寸效应修正系数 α_{h0}。表中 A、B、C 组试件为 SRLC 试件，D、E 组试件为 SRC 试件。

表 6.6　α_{h0} 和试件参数

试件分组	试件编号	破坏模式	$b \times h$ /(mm×mm)	λ	箍筋	型钢	V_c /kN	V_{sv} /kN	V_{ss} /kN	V_{cal} /kN	V_{exp} /kN	α_{h0}
A 组 文献[103]	L-3	斜压破坏	200×300	1.5	$\phi 6@200$	I 12	64.2	25.7	57.2	147.1	133	0.78
	L-5	剪压破坏	200×300	2.5	$\phi 8@200$	I 12	48.1	32.3	34.36	114.76	107	0.84
	L-9	剪压破坏	200×300	2.0	$\phi 8@200$	I 14	55	32.3	52.5	139.8	128	0.79
	L-10	弯剪破坏	200×300	3.0	$\phi 6@200$	I 14	42.8	25.7	35	103.5	97	0.85
	L-11	斜压破坏	200×300	1.5	$\phi 8@200$	I 14	64.2	32.3	70	166.5	159	0.88
B 组 文献[102]	L-1	弯剪破坏	210×300	2.76	$\phi 6.5@200$	I 10	53.5	18.8	19.3	91.6	70	0.59
	L-2	弯剪破坏	170×270	2.3	$\phi 6.5@200$	I 10	40.6	16.7	20.7	78	78	1.0
	L-3	弯剪破坏	200×200	3.2	$\phi 6.5@200$	I 10	35	11.8	14.9	61.7	68	1.18
	L-4	弯剪破坏	200×350	2.4	$\phi 6.5@200$	I 10	62	22.3	19.8	104	85	0.69
C 组 文献[117]	L1	弯剪破坏	200×260	3.83	$\phi 6@100$	I 16	21.6	49.2	48.6	119.4	117.5	0.91
	L2	弯剪破坏	200×260	3.83	$\phi 6@100$	I 16	37.1	49.2	48.6	134.9	124.5	0.72
D 组 文献[158]	SBI-2	弯曲破坏	180×240	1.5	$\phi 6@100$	I 16	48.1	32.6	120.6	201.3	205.8	1.09
	SBI-4	弯剪破坏	180×240	2.5	$\phi 6@100$	I 16	36.1	32.6	72.4	141.1	137.2	0.9
	SBI-6	剪压破坏	180×280	1.5	$\phi 6@200$	I 16	57.3	16.3	120.6	194.2	196	1.03
	SBI-7	弯剪破坏	180×280	2.0	$\phi 6@200$	I 16	49.1	16.3	90.5	155.9	152	0.92
E 组 文献[161]	L1	弯剪破坏	180×600	1.94	$\phi 8@100$	100×430×6	83.8	135	241.4	460.2	419	0.51
	L2	弯剪破坏	180×600	1.94	$\phi 8@100$	100×430×8	83.8	135	314.9	533.7	484	0.41

由表 6.6 可绘制 α_{h0} 与试件截面高度 h 相关图，如图 6.19 所示。

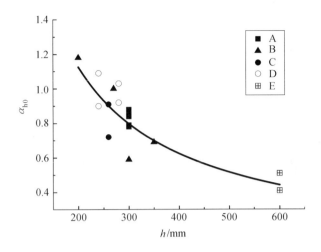

图 6.19 α_{h0} 与试件截面高度 h 相关图

图 6.19 表明，随截面高度增加，α_{h0} 有减小趋势。经曲线拟合，可得

$$\alpha_{h} = \left(\frac{230}{h}\right)^{0.85} \tag{6.36}$$

式中，α_{h} 为 SRLC 和 SRC 梁斜截面抗剪承载力的尺寸效应修正系数。α_{h} 与截面高度 h 拟合后的曲线如图 6.19 所示。由图中可看出，在截面高度较小时，考虑尺寸效应对斜截面抗剪承载力的增大作用，对承载力做增大修正；在截面高度较大时，考虑尺寸效应对斜截面抗剪承载力的不利作用，对承载力做折减修正。分析中，组合截面梁高 200～600 mm，建议 α_{h} 取值范围为 0.5～1.2。

（2）计算结果对比。

按式（6.31）和式（6.34）对表 6.6 中的试件进行抗剪承载力计算，并和试验结果对比，见表 6.7。表中 V_{cal1} 为未修正的组合截面抗剪承载力；V_{cal2} 为修正后的组合截面抗剪承载力。

表 6.7 的计算分析表明，斜截面抗剪承载力计算公式同时适用于 SRC 梁和 SRLC 梁，采用修正后的计算公式相比修正前的计算精度得到了提高。修正前计算值与试验值之比的平均值为 1.066，均方差为 0.09；修正后计算值与试验值之比的平均值为 0.997，均方差为 0.046。计算公式具有足够的精度，可为工程设计人员采用。

表 6.7　组合截面抗剪承载力计算值和试验结果比较

试件分组	试件编号	V_{exp} /kN	V_{cal1} /kN	V_{cal2} /kN	V_{cal1}/V_{exp}	V_{cal2}/V_{exp}	α_{h0}	α_h	α_h/α_{h0}
A 组 文献[103]	L-3	133	147.1	134.12	1.106	1.008	0.78	0.798	1.023
	L-5	107	114.76	105.04	1.073	0.982	0.84	0.798	0.95
	L-9	128	139.8	128.68	1.092	1.005	0.79	0.798	1.01
	L-10	97	103.5	94.85	1.067	0.978	0.85	0.798	0.939
	L-11	159	166.5	153.52	1.047	0.966	0.88	0.798	0.907
B 组 文献[102]	L-1	70	91.6	80.8	1.3	1.15	0.59	0.798	1.35
	L-2	78	78	72.8	1	0.93	1.0	0.873	0.873
	L-3	68	61.7	66.1	0.91	0.97	1.18	1.126	0.954
	L-4	85	104	85.5	1.2	1.0	0.69	0.7	1.01
C 组 文献[117]	L1	117.5	119.4	117.26	1.016	0.998	0.91	0.901	0.99
	L2	124.5	134.9	131.23	1.084	1.054	0.72	0.901	1.251
D 组 文献[158]	SBⅠ-2	205.8	201.3	199.59	0.978	0.97	1.09	0.965	0.885
	SBⅠ-4	137.2	141.1	139.82	1.028	1.019	0.9	0.965	1.072
	SBⅠ-6	196	194.2	185.38	0.991	0.946	1.03	0.846	0.821
	SBⅠ-7	152	155.9	148.34	1.026	0.976	0.92	0.846	0.92
E 组 文献[161]	L1	419	460.2	413.49	1.098	0.987	0.51	0.443	0.868
	L2	484	533.7	486.99	1.103	1.006	0.41	0.443	1.08
平均值					1.066	0.997			
均方差					0.09	0.046			

3. 基于黏结滑移的剪切黏结破坏抗剪承载力 V_{rc2}

（1）理论推导。

SRLC 梁发生剪切黏结破坏的受力分析图如图 6.20 所示。

图 6.20（a）表明，剪切黏结破坏裂缝可能发生在型钢翼缘和混凝土界面上；图 6.20（b）是取箍筋间距长度内界面裂缝上部分为脱离体的受力简图。简图上开裂截面的水平剪切力为 V_{hf}，V_{hf} 由两部分组成：一部分是界面裂缝处混凝土部分提供的水平剪切力 V_{hf1}；另一部分是型钢翼缘和混凝土界面提供的水平剪切力 V_{hf2}。

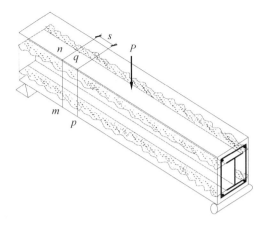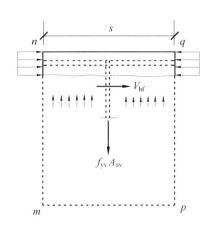

（a）剪切黏结破坏界面裂缝　　　　　（b）开裂截面的水平剪切力 V_{hf}

图 6.20　SRLC 梁剪切黏结破坏受力分析图

根据参考文献[39]，混凝土部分提供的水平剪切力 V_{hf1} 按下式计算：

$$V_{hf1} = \mu_f A_{sv} f_{yv} + K_1 A_{ch} \qquad (6.37)$$

式中，$\mu_f A_{sv} f_{yv}$ 代表界面摩擦力；$K_1 A_{ch}$ 代表销栓力和截面突凸骨料的咬合力；μ_f 为摩擦系数，混凝土相对于混凝土滑移时取 0.8；K_1 是经验系数，通常取 2.8；A_{sv}、f_{yv} 分别为穿过开裂平面的箍筋的截面面积和屈服强度；A_{ch} 为开裂平面处混凝土与混凝土界面面积，计算中可取为

$$A_{ch} = (b - b_f)s \qquad (6.38)$$

式中，b 为构件截面宽度；b_f 为型钢翼缘宽度；s 为箍筋间距。

型钢翼缘和混凝土界面提供的水平剪切力 V_{hf2} 按下式计算：

$$V_{hf2} = \overline{\tau}_u b_f s \qquad (6.39)$$

式中，$\overline{\tau}_u$ 为型钢和混凝土界面的黏结强度。第 3 章中对黏结强度的试验研究和统计资料表明，由于混凝土材料的变异性，各国对型钢混凝土黏结强度的取值不同；SRLC 和 SRC 黏结强度的下限取 0.5 MPa 是安全的。因此，计算中取 $\overline{\tau}_u = 0.5$ MPa。

根据上面的分析，开裂截面的水平剪切力 V_{hf} 可按下式计算：

$$V_{hf} = V_{hf1} + V_{hf2} = \mu_f A_{sv} f_{yv} + K_1(b - b_f)s + \overline{\tau}_u b_f s \qquad (6.40)$$

由上式可计算箍筋间距范围内在开裂截面上由水平剪力产生的平均最大水平剪应力 τ_1：

$$\tau_1 = \frac{V_{hf}}{bs} \tag{6.41}$$

由 RC 部分承担的剪力 V_{rc} 在开裂截面处产生的剪应力 τ_2 可按下式计算：

$$\tau_2 = \frac{V_{rc}S_x}{I_x b_{ce}} \tag{6.42}$$

式中，S_x 为开裂界面上混凝土面积对 RC 截面的面积矩；I_x 为 RC 部分的惯性矩；b_{be} 为混凝土截面有效宽度。一般 SRC 和 SRLC 梁的型钢配钢率为 5%左右，因此，混凝土截面有效宽度 b_{be} 可取梁宽 b 的 95%，即

$$b_{be} = 0.95b \tag{6.43}$$

为简化计算，可假定在混凝土有效面积上 A_{cv}（$A_{cv}=0.95\,bd$）的剪应力是均匀分布的，则

$$\tau_2 = \frac{V_{rc}}{0.95bh} \tag{6.44}$$

式中，h 为梁高。

为避免剪切黏结破坏，应使 $\tau_2 \leqslant \tau_1$，即

$$\frac{V_{rc}}{0.95bh} \leqslant \frac{V_{hf}}{bs} \tag{6.45}$$

$$V_{rc} \leqslant \frac{0.95V_{hf}h}{s} \tag{6.46}$$

把式（6.40）代入式（6.46），即可得

$$V_{rc} \leqslant 0.95\left[\frac{\mu_f A_{sv} f_{yv} h}{s} + K_1(b - b_f)h + \bar{\tau}_u b_f h\right] \tag{6.47}$$

上式表明，RC 部分的剪切黏结破坏承载力可用下式表达：

$$V_{rc2} = 0.95\left[\frac{\mu_f A_{sv} f_{yv} h}{s} + K_1(b - b_f)h + \bar{\tau}_u b_f h\right] \tag{6.48}$$

（2）验证。

为验证上述公式，对文献[166]中的试验结果进行比较，试件参数见表 6.8。表 6.8 中所有试件混凝土保护层厚度 15 mm，四角配有 4φ10 纵向钢筋，箍筋采用直径3 mm 的光圆钢筋，间距 50 mm。N_u 为施加的轴向力，V_{test} 为试件剪力试验值。

表 6.8 中所有试件发生剪切黏结破坏，试件的试验装置和破坏模式如图 6.21 所示。

表 6.8　试件参数表

试件编号	$b \times h$ /(mm×mm)	型钢尺寸 $d_s \times b_f \times t_w \times t_f$ /(mm×mm×mm×mm)	配箍率 ρ_{sv} /%	F_{ys} /MPa	F_{yh} /MPa	f_c' /MPa	F_u /kN	V_{test} /kN
1	125×125	H-80×80×2.0×2.0	0.23	254	297	43.9	294	52.7
2	125×125	H-80×60×2.0×2.0	0.23	270	297	32.6	121	57.1
3	125×125	H-80×60×2.0×2.0	0.23	270	297	28	217	57.1
4	125×125	H-80×60×2.0×2.0	0.23	270	297	31.6	483	55.9
5	125×125	H-50×60×3.2×3.2	0.23	290	297	32.8	223	54.9

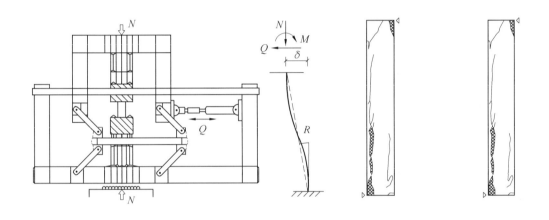

（a）试验装置　　　　　　　　　（b）试件典型的破坏模式

图 6.21　文献[166]中的试验概况

表 6.9 为试件采用 AIJ-SRC 算法、文献[39]算法和本书预测模型算法所得结果和试验结果的比较。表中 V_{AIJ}、$V_{[39]}$ 和 V_{prod} 分别为 AIJ-SRC 算法、文献[39]算法和本书预测模型算法所得抗剪承载力，SB 和 DS 分别为剪切黏结破坏和斜剪破坏模式。

表 6.9 的计算分析表明，AIJ-SRC 算得抗剪承载力 V_{AIJ} 和试验结果之比的平均值为 0.921，标准差为 0.037，承载力和试验结果吻合较好。然而预测的破坏模式和试验结果有较大差别，除了试件 1 是剪切黏结破坏外，其余均是斜剪破坏。这主要是由于 AIJ-SRC 抗剪承载力计算公式中没有考虑轴向力。

文献[39] 算得抗剪承载力 $V_{[39]}$ 和试验结果之比的平均值为 0.938，标准差为 0.050，承载力和试验结果吻合较好。预测的破坏模式和试验结果一致。但计算公式中没有考虑型钢和混凝土界面的黏结力。

表 6.9　试件抗剪承载力计算值和试验结果比较

试件编号	V_{test}/kN	破坏模式	V_{AIJ}/kN	破坏模式	$V_{[39]}$/kN	破坏模式	V_{prod}/kN	破坏模式	V_{AIJ}/V_{test}	$V_{[39]}/V_{test}$	V_{prod}/V_{test}
1	52.7	SB	49.8	SB	45.6	SB	48.1	SB	0.945	0.865	0.91
2	57.1	SB	51.3	DS	53.3	SB	54.2	SB	0.898	0.933	0.95
3	57.1	SB	50.1	DS	53.3	SB	54.2	SB	0.877	0.933	0.95
4	55.9	SB	51.1	DS	53.3	SB	54.2	SB	0.914	0.953	0.97
5	54.9	SB	53.2	DS	55.2	SB	56	SB	0.969	1.005	1.02
平均值									0.921	0.938	0.96
标准差									0.037	0.050	0.036

AIJ-SRC 模型和文献[39]模型均没有考虑型钢和混凝土界面的黏结作用。本书预测模型考虑了型钢和混凝土界面的黏结作用，算得抗剪承载力 V_{prod} 和试验结果之比的平均值为 0.96，标准差为 0.036，承载力和试验结果吻合很好，其计算精度超过了 AIJ-SRC 和文献[39]模型，而且预测的破坏模式和试验结果一致。

6.3.3　预测模型和现有抗剪承载力模型计算比较

为进一步验证预测模型的有效性，把预测模型、ACI 模型、AIJ-SRC 模型、AISC 模型和文献[39]模型对假定试件的计算结果进行比较，假定试件参数见表 6.10，比较结果见表 6.11。表 6.10 中型钢尺寸为 H-500×b_f×14(t_w)×22(t_f)（mm）；型钢屈服强度为 343 MPa；纵筋屈服强度为 412 MPa；箍筋屈服强度为 275 MPa；型钢对称放置；混凝土边缘至纵筋中心 70 mm。

表 6.10　假定试件参数

试件编号	$b×h$/(mm×mm)	b_f/mm	ρ_{sv}/%	f_c'/MPa
1	450×750	225	0.38	27.5
2	450×750	250	0.38	27.5
3	450×750	275	0.38	27.5
4	450×750	300	0.38	27.5
5	450×750	325	0.38	27.5
6	450×750	275	0.2	27.5
7	450×750	275	0.3	27.5
8	450×750	275	0.4	27.5
9	450×750	275	0.5	27.5
10	450×750	275	0.6	27.5

表 6.11 假定试件计算结果比较表

试件	计算方法	V_{ss} /kN	V_{rc1} /kN	V_{rc2} /kN	V_u /kN	破坏模式
1	预测模型	1 393	589.1	719.5	1 982	斜压破坏
	AIJ-SRC 模型	1 388	599	737	1 987	斜压破坏
	文献[39]模型	1 442	582	673	2 024	斜压破坏
	ACI 模型	1 442	582		2 024	
	AISC 模型	1 442			1 442	
2	预测模型	1 393	589.1	683.8	1 982	斜压破坏
	AIJ-SRC 模型	1 388	599	686	1 987	斜压破坏
	文献[39]模型	1 442	582	626	2 024	斜压破坏
	ACI 模型	1 442	582		2 024	
	AISC 模型	1 442			1 442	
3	预测模型	1 393	589.1	648	1 982	斜压破坏
	AIJ-SRC 模型	1 388	599	635	1 987	斜压破坏
	文献[39]模型	1 442	582	579	2 021	剪切黏结
	ACI 模型	1 442	582		2 024	
	AISC 模型	1 442			1 442	
4	预测模型	1 393	589.1	613	1 982	斜压破坏
	AIJ-SRC 模型	1 388	599	583	1 971	剪切黏结
	文献[39]模型	1 442	582	533	1 975	剪切黏结
	ACI 模型	1 442	582		2 024	
	AISC 模型	1 442			1 442	
5	预测模型	1 393	589.1	577	1 970	剪切黏结
	AIJ-SRC 模型	1 388	599	532	1 920	剪切黏结
	文献[39]模型	1 442	582	486	1 928	剪切黏结
	ACI 模型	1 442	582		2 024	
	AISC 模型	1 442			1 442	
6	预测模型	1 393	437.6	535	1 831	斜压破坏
	AIJ-SRC 模型	1 388	534	504	1 892	剪切黏结
	文献[39]模型	1 442	433	460	1 875	斜压破坏
	ACI 模型	1 442	433		1 875	
	AISC 模型	1 442			1 442	

续表 6.11

试件	计算方法	V_{ss} /kN	V_{rc1} /kN	V_{rc2} /kN	V_u /kN	破坏模式
7	预测模型	1 393	521.8	601	1 915	斜压破坏
	AIJ-SRC 模型	1 388	572	580	1 960	斜压破坏
	文献[39]模型	1 442	520	530	1 962	斜压破坏
	ACI 模型	1 442	520		1 962	
	AISC 模型	1 442			1 442	
8	预测模型	1 393	605.9	666	1 999	斜压破坏
	AIJ-SRC 模型	1 388	609	655	1 997	斜压破坏
	文献[39]模型	1 442	605	598	2 040	剪切黏结
	ACI 模型	1 442	605		2 047	
	AISC 模型	1 442			1 442	
9	预测模型	1 393	690.1	730	2 083	斜压破坏
	AIJ-SRC 模型	1 388	647	730	2 034	斜压破坏
	文献[39]模型	1 442	690	666	2 108	剪切黏结
	ACI 模型	1 442	690		2 132	
	AISC 模型	1 442			1 442	
10	预测模型	1 393	774.2	791.5	2 167	斜压破坏
	AIJ-SRC 模型	1 388	682	801	2 070	斜压破坏
	文献[39]模型	1 442	772	731	2 173	剪切黏结
	ACI 模型	1 442	772		2 214	
	AISC 模型	1 442			1 442	

表 6.11 的计算分析表明：

（1）因为 AISC 模型只考虑了型钢抗剪，所以计算结果最保守。

（2）预测模型、AIJ-SRC 模型和文献[39]模型都考虑了可能发生的剪切黏结破坏，所以其计算结果接近，说明预测模型可以较好地进行 SRLC 和 SRC 梁的抗剪承载力预估。

（3）试件 1~5 除型钢翼缘宽度不同外，其余参数完全相同。预测模型、AIJ-SRC 模型和文献[39]模型的计算结果表明，随型钢翼缘宽度的增加，破坏模式由斜剪破坏过渡到剪切黏结破坏，截面抗剪承载力下降。ACI 模型没有考虑翼缘宽度对抗剪强度的影响，试件 1~5 抗剪承载力相同。

（4）试件 6~10 除配箍率不同外，其余参数均相同。随配箍率增加，试件抗剪承载力提高。

（5）预测模型在我国型钢规程模型的基础上进行了修订，考虑了尺寸效应、剪切黏结破坏和界面黏结力对抗剪承载力的影响，具有较高的精度，而且形式为我国广大工程设计人员熟悉，因此可用于实际工程设计。

6.4　型钢翼缘临界宽度比

6.4.1　翼缘临界宽度比计算

RC 部分剪切破坏抗剪承载力计算公式（V_{rc1}、V_{rc2}）表明，当组合截面仅有翼缘宽度 b_f 变化而其他参数不变时，斜剪破坏抗剪承载力 V_{rc1} 不变，随 b_f（或翼缘宽度比 $\dfrac{b_f}{b}$）增大，V_{rc2} 急剧降低。当 $V_{rc2} < V_{rc1}$ 时，组合截面梁的剪切破坏模式转由剪切黏结破坏控制；当 $V_{rc2} = V_{rc1}$ 时（计算中取 $h_0 = 0.95h$），可得出型钢翼缘临界宽度比 $\left(\dfrac{b_f}{b}\right)_{cr}$，即

$$\left(\frac{b_f}{b}\right)_{cr} = \frac{k_1 - \dfrac{0.2}{1.5+\lambda}\alpha_h f_c - f_{yv}\rho_{sv}(1-\mu_f) - \dfrac{0.07N}{bh_0}}{k_1 - \overline{\tau}_u} \tag{6.49}$$

式（6.49）表明，翼缘临界宽度比 $\left(\dfrac{b_f}{b}\right)_{cr}$ 与轴向压力、剪跨比、构件截面高度、混凝土强度、配箍率和箍筋强度有关。随轴向压力、混凝土强度、箍筋强度和配箍率提高，临界宽度比减小，破坏模式可能由剪切黏结破坏控制；当其他参数不变时，随剪跨比和截面高度增大，临界宽度比增大，破坏模式可能由斜剪破坏控制。

6.4.2　影响因素分析

图 6.22～6.29 为临界宽度比 $\left(\dfrac{b_f}{b}\right)_{cr}$ 和相关因素关系图。

图中曲线表明，混凝土强度对型钢临界翼缘宽度比的影响最显著。随混凝土强度提高，$\left(\dfrac{b_f}{b}\right)_{cr}$ 值迅速下降。虽然随配箍率和箍筋强度提高，$\left(\dfrac{b_f}{b}\right)_{cr}$ 减小，但其影响程度没有混凝土强度显著。随截面高度增大，由于尺寸效应，混凝土项尺寸效应修正系数 α_h 减小，$\left(\dfrac{b_f}{b}\right)_{cr}$ 增大。随剪跨比增大，混凝土部分承担的剪力减小，$\left(\dfrac{b_f}{b}\right)_{cr}$ 亦增大。

型钢翼缘临界宽度比的意义表明，当翼缘宽度比 $\dfrac{b_f}{b} \leqslant \left(\dfrac{b_f}{b}\right)_{cr}$ 时，剪切破坏模式由斜剪破坏控制；当 $\dfrac{b_f}{b} > \left(\dfrac{b_f}{b}\right)_{cr}$ 时，剪切破坏模式由剪切黏结破坏控制。

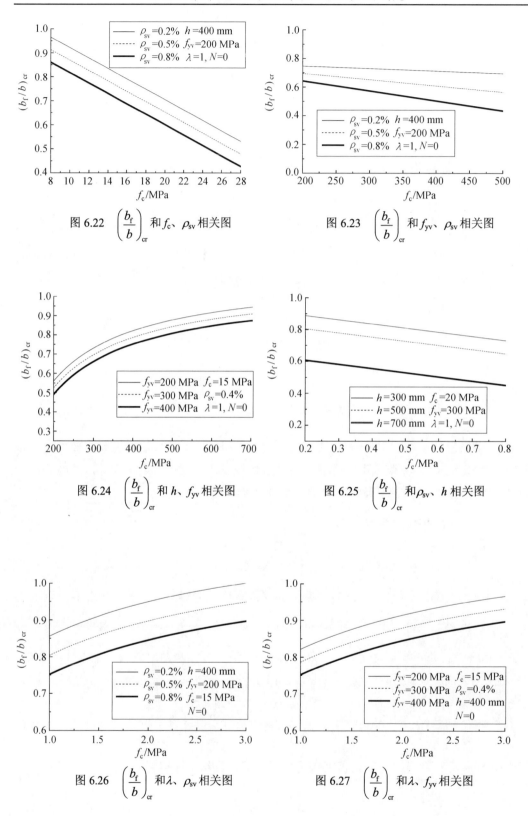

图 6.22 $\left(\dfrac{b_\mathrm{f}}{b}\right)_\mathrm{cr}$ 和 f_c、ρ_sv 相关图

图 6.23 $\left(\dfrac{b_\mathrm{f}}{b}\right)_\mathrm{cr}$ 和 f_yv、ρ_sv 相关图

图 6.24 $\left(\dfrac{b_\mathrm{f}}{b}\right)_\mathrm{cr}$ 和 h、f_yv 相关图

图 6.25 $\left(\dfrac{b_\mathrm{f}}{b}\right)_\mathrm{cr}$ 和 ρ_sv、h 相关图

图 6.26 $\left(\dfrac{b_\mathrm{f}}{b}\right)_\mathrm{cr}$ 和 λ、ρ_sv 相关图

图 6.27 $\left(\dfrac{b_\mathrm{f}}{b}\right)_\mathrm{cr}$ 和 λ、f_yv 相关图

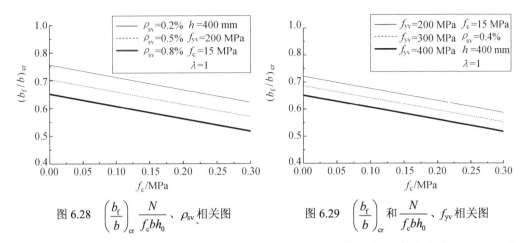

图 6.28　$\left(\dfrac{b_{\mathrm{f}}}{b}\right)_{\mathrm{cr}}\dfrac{N}{f_{\mathrm{c}}bh_0}$、$\rho_{\mathrm{sv}}$ 相关图　　　图 6.29　$\left(\dfrac{b_{\mathrm{f}}}{b}\right)_{\mathrm{cr}}$ 和 $\dfrac{N}{f_{\mathrm{c}}bh_0}$、$f_{\mathrm{yv}}$ 相关图

为进一步验证临界宽度比的有效性,对前边引用试件的实际翼缘宽度比和临界宽度比及破坏模式进行比较,见表 6.12。当 λ 大于 3 时取为 3;$0.5 \leqslant \alpha_{\mathrm{h}} \leqslant 1.2$;$N \geqslant 0.3f_{\mathrm{c}}A_{\mathrm{c}}$ 时,取 $N = 0.3f_{\mathrm{c}}A_{\mathrm{c}}$,$A_{\mathrm{c}}$ 为组合截面中混凝土部分面积。

表 6.12　试件翼缘宽度比和临界宽度比对比

试件分组	试件编号	$b \times h$ /(mm×mm)	α_{h}	λ	ρ_{sv} /%	F_{c} /MPa	f_{yv} /MPa	f_{ss} /MPa	N /kN	$\dfrac{b_{\mathrm{f}}}{b}$	$\left(\dfrac{b_{\mathrm{f}}}{b}\right)_{\mathrm{cr}}$	破坏模式
A 组 文献[103]	L-3	200×300	0.798	1.5	0.14	17.82	337	235	0	0.37	0.76	斜压破坏
	L-5	200×300	0.798	2.5	0.25	17.82	238	235	0	0.37	0.856	剪压破坏
	L-9	200×300	0.798	2.0	0.25	17.82	238	235	0	0.4	0.81	剪压破坏
	L-10	200×300	0.798	3.0	0.14	17.82	337	235	0	0.4	0.9	弯剪破坏
	L-11	200×300	0.798	1.5	0.25	17.82	238	235	0	0.4	0.75	斜压破坏
B 组 文献[102]	L-1	210×300	0.798	2.76	0.158	20.1	235	225	0	0.324	0.86	弯剪破坏
	L-2	170×270	0.873	2.3	0.195	18.9	235	200	0	0.4	0.8	弯剪破坏
	L-3	200×200	1.126	3.2	0.166	20.1	235	225	0	0.34	0.76	弯剪破坏
	L-4	200×350	0.7	2.4	0.166	18.9	235	200	0	0.34	0.888	弯剪破坏
C 组 文献[117]	L1	200×260	0.901	3.83	0.33	12.5	378.6	334.6	0	0.44	0.891	弯剪破坏
	L2	200×260	0.901	3.83	0.33	21.5	378.6	334.6	0	0.44	0.734	弯剪破坏
D 组 文献[158]	SBI-2	180×240	0.965	1.5	0.368	19.1	275	325	0	0.489	0.59	弯曲破坏
	SBI-4	180×240	0.965	2.5	0.368	19.1	275	325	0	0.489	0.73	弯剪破坏
	SBI-6	180×280	0.846	1.5	0.184	19.1	275	325	0	0.489	0.704	剪压破坏
	SBI-7	180×280	0.846	2.0	0.184	19.1	275	325	0	0.489	0.771	弯剪破坏
E 组 文献[161]	L1	180×600	0.5	1.94	0.558	14.3	239	321.89	0	0.556	0.92	弯剪破坏
	L2	180×600	0.5	1.94	0.558	14.3	239	317.94	0	0.556	0.92	弯剪破坏
F 组 文献[166]	1	125×125	1.2	3	0.23	37.2	297	254	294	0.64	0	剪切黏结
	2	125×125	1.2	3	0.23	27.6	297	270	121	0.48	0.268	剪切黏结
	3	125×125	1.2	3	0.23	23.7	297	270	217	0.48	0.394	剪切黏结
	4	125×125	1.2	3	0.23	26.8	297	270	483	0.48	0.295	剪切黏结
	5	125×125	1.2	3	0.23	27.8	297	290	223	0.48	0.261	剪切黏结

对比结果表明，试件理论破坏模式和实际破坏模式完全一致。说明临界宽度比$(b_f/b)_{cr}$可用于实际工程 SRC 和 SRLC 构件破坏模式的预测和抗剪承载力预估。

6.5　本章小结

目前，SRLC 构件截面设计没有相应规程指导。本章考虑了黏结滑移问题，对 SRLC 梁进行了有限元分析和理论分析，主要结论如下：

（1）引入局部黏结滑移本构关系对 SRLC 梁进行了有限元分析。分析结果表明，型钢截面应变分布符合平截面假定；荷载-挠度曲线可划分为三阶段；极限荷载计算值和试验值相比有足够的精度。说明可以用本章的方法对 SRLC 构件进行有限元分析。

（2）正截面抗弯承载力计算中考虑型钢对混凝土的约束作用，引入混凝土部分抗弯承载力修正系数α_{rc}，对简单叠加法公式进行了修正，提出了计算精度高的改进叠加法公式。

（3）引入混凝土项尺寸效应修正系数α_h，对 SRLC 梁斜剪破坏中 RC 部分的抗剪承载力进行修正，得到了斜剪破坏模式下 RC 部分抗剪承载力V_{rc1}。

（4）在组合截面抗剪承载力计算中，考虑了可能发生的剪切黏结破坏，推导了剪切黏结破坏模式下的 RC 部分抗剪承载力V_{rc2}，推导过程中考虑了型钢和混凝土界面的黏结作用。根据相关试验结果对V_{rc2}的有效性进行了验证。

（5）根据$V_{rc1}=V_{rc2}$，提出了型钢临界宽度比$\left(\dfrac{b_f}{b}\right)_{cr}$的计算公式，对其相关因素进行了分析。$\left(\dfrac{b_f}{b}\right)_{cr}$可用于判别剪切破坏模式和组合截面抗剪承载力预估。

（6）在理论分析和试验验证的基础上，提出了和 SRC 梁计算模式相协调的 SRLC 梁正截面承载力和斜截面承载力计算公式。上述公式不仅具有足够的精度，而且同时适用于 SRLC 梁和 SRC 梁，计算简便，可供我国工程设计人员使用参考。

第7章　结论和展望

由于型钢轻骨料混凝土结构优越的承载性能和抗震性能，其在高层建筑和大跨结构中的应用越来越多，开展其黏结滑移本构关系研究以及如何把黏结滑移问题引入实际构件数值分析和理论分析愈显重要。本书主要研究内容为：型钢轻骨料混凝土黏结滑移性能研究、推出试验有限元模拟和考虑黏结滑移情况下型钢轻骨料混凝土梁受力性能的有限元分析和理论分析。

7.1　主要研究工作和结论

在型钢轻骨料混凝土黏结滑移性能理论和试验研究的基础上，主要进行了以下研究工作。

1. 黏结滑移性能试验研究

设计了三组试件，L 系列试件，N 系列对比试件和型钢翼缘外侧焊短钢筋的 LH 系列试件。试验主要记录了各级荷载下加载端和自由端滑移、型钢及混凝土表面各测点应变，观察了试件破坏形态和裂缝的发展，得到如下结论：

（1）型钢轻骨料混凝土试件的黏结破坏分为劈裂破坏和推出破坏两种类型，破坏类型主要与混凝土保护层厚度、锚固长度和配箍率有关。引入等效约束系数 $r_e = \dfrac{\rho_{sv} l_a C_1}{d^2}$。当 $r_e < 0.01$ 时，发生劈裂破坏；当 $r_e \geqslant 0.01$ 时，发生推出破坏。

（2）根据实测的荷载-加载端滑移曲线，建立了典型的劈裂破坏和推出破坏荷载滑移曲线模型，该模型为基本黏结滑移本构关系的建立奠定了基础。

（3）型钢应力沿锚固长度为负指数函数分布，本书拟合了该函数曲线，给出了参数 k_1（黏结应力指数特征值）的表达式。

（4）型钢轻骨料混凝土的极限荷载、极限滑移、残余滑移均较普通混凝土小，其荷载-滑移曲线较普通混凝土陡。

（5）型钢翼缘外侧焊短钢筋没有提高试件的黏结强度，但增强了试件抵抗滑移的能力。

2. 黏结强度研究

本书根据试验结果，研究了型钢轻骨料混凝土的平均黏结强度、局部黏结强度并与 N 系列试件和 LH 系列试件的黏结强度进行了对比分析，得出以下主要结论：

（1）从黏结机理和正交分析两个角度探讨了平均极限黏结强度 $\bar{\tau}_\mathrm{u}$ 的影响因素，相对锚固长度对黏结强度影响最大，配箍率和混凝土强度其次。由黏结应力-加载端滑移分布曲线，确定了劈裂破坏和推出破坏的特征黏结强度，回归了特征黏结强度表达式，表达式综合考虑了各主要因素的影响，理论值和试验值吻合较好。

（2）由型钢微段受力平衡可推得局部黏结应力沿锚固长度的分布曲线，理论曲线与试验曲线吻合较好。分析各试件，翼缘局部最大黏结应力约为腹板的 1.5 倍，不能忽略腹板对黏结力的贡献，建立了翼缘局部最大黏结应力与混凝土立方体抗压强度的关系。随荷载增大，局部最大黏结应力内移，且黏结应力分布曲线更趋饱满。

（3）型钢轻骨料混凝土极限黏结强度为型钢普通混凝土的 90% 左右；剪力连接件的设置降低了黏结强度。型钢轻骨料混凝土的黏结性能并不比普通混凝土差，当自然黏结力满足要求时，可不设剪力连接件，否则应单独考虑剪力连接件承担界面剪力。

（4）型钢屈服同时发生黏结破坏的锚固长度称为临界锚固长度 l_cr，引入临界锚固长度系数 α_ss 计算 l_cr，$l_\mathrm{cr} = \alpha_\mathrm{ss} \dfrac{f_\mathrm{ys}}{f_\mathrm{t}} h_\mathrm{f}$。不同型号工字钢，当配箍率、保护层厚度和混凝土强度不变，临界锚固长度系数 α_ss 在某一数值范围变化，据此，给出了不同变量下的 α_ss 系数表，并分析了其影响因素和规律。建议了型钢轻骨料混凝土构件锚固长度 l_a 的合理范围为 $d \leqslant l_\mathrm{a} \leqslant l_\mathrm{cr}$ 且 $l_\mathrm{a} \leqslant 2\,000$ mm。

3. 黏结滑移本构关系研究

黏结滑移本构关系是进行有限元分析的关键点，本书分别建立了平均黏结应力-加载端滑移基本本构关系、随位置变化的黏结滑移关系和加载端局部黏结滑移本构关系。

（1）由平均黏结应力和加载端滑移分别建立了劈裂破坏和推出破坏的基本本构关系，基本本构关系模型标准化后和实测曲线吻合较好，可用来模拟型钢轻骨料混凝土黏结滑移全过程。

（2）确定了局部滑移沿锚长分布函数。局部滑移的获取是难点，通过改进法获得局部滑移值，绘制了局部滑移沿锚固长度的试验曲线，曲线呈明显的负指数函数分布，拟合了滑移特征值指数 k_2，确定了局部滑移分布函数。基于弹性理论从理论上推得了局部滑移沿锚长的理论分布曲线，给出了各级荷载下加载端滑移表达式。局部滑移理论值相对试验值偏大。

（3）在基本本构关系 $\bar{\tau} = f(S_\mathrm{L})$ 的基础上，通过引入位置函数 $\psi(x)$ 建立了反映位置变化的黏结滑移本构关系 $\tau(s,x)$，即 $\tau(s,x) = f(s)\psi(x)$。位置函数 $\psi(x)$ 含有两个位置的影响，型钢翼缘或腹板部位影响系数 α 及锚固位置变化函数 $\varphi(x)$，该本构关系适用于滑移较小时的荷载上升段。

（4）黏结应力和滑移沿锚固长度的分布规律表明，加载端黏结应力滑移经历了完整的变化过程。因此，根据加载端附近点的黏结应力和滑移变化，建立了局部黏结应力滑移本构关系。

（5）由理论分析和平均极限黏结强度分别给出了极限荷载表达式。理论上算得的极限荷载均比试验值小，可用理论分析结果作为极限荷载下限；用平均极限黏结强度所得结果估算极限荷载。

4. 推出试件有限元模拟

通过引入局部黏结滑移本构关系，对推出试件进行了有限元模拟。

（1）为更准确地进行模拟，推导了轻骨料混凝土的应力-应变关系。对国内外四种轻骨料混凝土应力-应变曲线方程进行了分析、比较，结合相关试验结果，提出了分段式方程。上升段表达式和现行《轻骨料混凝土应用技术标准》（JGJ/T 12—2019）一致，下降段采用有理分式，方程中唯一的常数 B 可由关键点坐标确定，并给出了关键点坐标和峰值应力之间的关系表达式。

（2）推出试件模拟结果表明，型钢应力沿锚长分布规律、裂缝分布形态、加载端和自由端的荷载-滑移曲线与试验结果吻合较好。极限荷载和极限荷载对应的加载端滑移计算值与试验值相比有足够的精度，说明采用局部黏结滑移本构关系和轻骨料混凝土分段式应力-应变关系曲线进行 SRLC 构件有限元模拟是可行的。

5. 基于黏结滑移理论的型钢轻骨料混凝土梁承载力研究

基于试验结果，在考虑型钢与轻骨料混凝土黏结作用的情况下，对 SRLC 梁的正截面抗弯和斜截面抗剪承载力进行了有限元分析和理论分析，得到以下结论：

（1）有限元分析表明，SRLC 梁的受力性能和 SRC 梁相同。型钢截面应变符合平截面假定，SRLC 梁的荷载-挠度曲线可分为弹性工作阶段、屈服阶段和软化阶段。引入局部黏结本构关系后有限元算得的极限承载力和试验值之比为 98.7%，具有足够的精度。

（2）在 SRC 梁正截面抗弯承载力简单叠加法公式的基础上，考虑型钢和混凝土之间的黏结作用以及型钢对混凝土的约束作用，引入混凝土部分抗弯承载力修正系数 α_{rc}，提出了改进叠加法公式，该公式也适用于 SRC 梁。与试验结果进行对比验证，平均值为 0.95，均方差为 0.066，具有较高的精度，可用于实际工程设计。

（3）在 SRLC 梁斜截面抗剪承载力计算中考虑了可能发生的剪切黏结破坏，引入混凝土部分尺寸效应修正系数 α_{h}，提出了和 SRC 梁抗剪计算公式相协调的预测模型，该公式也可用于 SRC 梁。与试验结果进行对比，平均值为 0.997，均方差为 0.046，计算方便可靠，可用于实际构件设计。

（4）当组合截面其他参数不变时，随型钢翼缘宽度增加，破坏模式由斜剪破坏转为剪切黏结破坏。当两种破坏模式抗剪承载力相等时，可推出翼缘临界宽度比计算公式，并对其影响因素进行了分析。随轴向压力、混凝土强度、箍筋强度和配箍率提高，临界宽度比减小；随剪跨比和截面高度增大，临界宽度比增大。临界宽度比减小意味着剪切破坏模式可能由剪切黏结破坏控制。

7.2 展　望

本书通过试验和研究，发现型钢轻骨料混凝土的黏结滑移性能的研究还有很多不足之处，还有很多问题需进一步研究。

（1）短埋长试件黏结滑移性能试验研究。本书研究了锚固长度为 200 mm、400 mm 和 800 mm 的型钢轻骨料混凝土黏结应力沿锚固长度的分布规律，局部黏结应力的获取是通过微段平衡方程所得，局部黏结强度的确定取决于型钢应变数据及计算公式，具有一定离散性。为进一步确定局部黏结强度计算公式及相关影响因素，需开展短埋长试件的试验研究工作。

（2）长期荷载下的黏结滑移性能研究。书中型钢轻骨料混凝土的黏结滑移本构关系为短期荷载下所得，实际构件的黏结滑移性能具有长期性质。目前，型钢轻骨料混凝土黏结滑移性能的研究未考虑长期荷载效应，而短期荷载下型钢轻骨料混凝土黏结滑移性能研究的资料很有限，本书的研究可为长期荷载下黏结问题的研究提供参考。

（3）精确量测界面相对滑移的工具亟待开发。本书重点从理论和试验角度研究了正常使用阶段即上升段两种黏结破坏模式下随位置变化的黏结滑移本构关系，大滑移段和下降段采用的是平均黏结应力和加载端滑移本构关系模型。因为大滑移段和下降段应变片的损坏，局部滑移无法准确推得。为进一步完善大滑移段和下降段随位置变化的黏结滑移本构关系，一方面需准确量测内部滑移，另一方面需发展塑性黏结滑移理论。而目前尚无准确量测内部相对滑移的理想工具，塑性黏结滑移理论的发展离不开准确的试验数据的验证。总之，急需开发精确量测界面相对滑移的试验用具。

（4）轻骨料混凝土本构关系研究。目前，国内外对普通混凝土本构关系的研究较多，而轻骨料混凝土本构关系研究较少。材料的本构关系对准确的有限元分析至关重要，因此，有必要开展轻骨料混凝土本构关系的深入研究工作，以推动其在实际工程中的应用。

（5）重复荷载下黏结滑移性能研究。型钢混凝土结构由于其较好的延性已成功应用于多高层建筑和大跨结构中来承担较大的水平地震作用和风荷载，因此，反复荷载下型钢混凝土及型钢轻骨料混凝土黏结滑移性能的研究工作也有待进行。

型钢与轻骨料混凝土的黏结性能并不比普通混凝土差，承载力计算方面可以采用相同的计算模型。鉴于其优越的抗震和承载性能，要大力发展轻骨料混凝土的生产和建设，使其能够更加广泛地应用在大跨、高层建筑工程中。

参 考 文 献

[1] 中华人民共和国住房和城乡建设部. 轻骨料混凝土结构技术标准：JGJ/T 12—2019[S]. 北京: 中国建筑工业出版社, 2019.

[2] 吴茂华, 刘龙江. 轻骨料混凝土的抗震性能[J]. 砖瓦, 2003(11):49-50.

[3] WALDRON C J, COUSINS T E, NASSAR A. Demonstration of use of high-performance lightweight concrete in bridge superstructure in Virginia[J]. Journal of Performance Constructed Facilities, 2005,19(2):146-154.

[4] 宋绍铭. 轻骨料混凝土在高层建筑和大跨桥梁工程上的应用及其发展前景[J]. 江苏建筑,2003(92): 77-84.

[5] HUSAIN, AI-KHAIAT, HAQUE N. Strength and durability of lightweight and normal weight concrete[J]. Journal of Materials in Civil Engineering, 1999,11(3):231-235.

[6] ROEDER C W. Seismic resistant connections for mixed construction[J].Turk. Natl. Comm.-on Earthquake Engineering, 1980,4: 319-326.

[7] JOHNSON R P. Composite structures of steel and concrete [M]. Oxford: Blackwell Scientific Publications, 1995: 115-123.

[8] LEE S L, SHANMUAN N E. Composite steel structures-recent research and development[C]. Proceedings of the International Concrete on Steel and Aluminum Structures, London & New York: Elsevier Applied Science,1991: 23-39.

[9] MAEDA, YUKIO, ABE, et al. State of the art steel on steel concrete composite construction in Japan[J]. Civil Engineering in Japan, 1983, 22: 29-45.

[10] CHUNG K F. Developing a modern design code for steel and composite construction in Asia[C]. Proceedings of 8th Pacific Structural Steel Conference-Steel Structures in Natural Hazards, 2007: 213-220.

[11] ECCS. Composite structures[S]. London and New York: the Construction Press, 1981.

[12] 中华人民共和国住房和城乡建设部.组合结构设计范围：JGJ 138—2016[S]. 北京: 中国建筑工业出版社, 2016.

[13] 翁正强.台湾第一部钢骨钢筋混凝土构造（SRC）设计规范之设计理念与重点内容[J]. 建筑钢结构进展, 2006, 8(5): 46-62.

[14] 赵鸿铁, 杨勇. 型钢混凝土粘结滑移力学性能研究及基本问题[J]. 力学进展, 2003, 33(1): 74-86.

[15] 陈月顺, 曾三海. 轻骨料混凝土中变形钢筋粘结应力分布试验[J]. 湖北工业大学学报, 2005, 20(2): 4-7.

[16] MITCHELL D W, MARZOUK H. Bond characteristics of high-strength lightweight concrete[J]. ACI Structural Journal, 2007, 104(1): 22-29.

[17] AVI M. Steel-concrete bond in high-strength lightweight concrete[J]. ACI Material Journal, 1992, 89(1): 76-82.

[18] LUCCIONI B M, LOPEZ D E, DANESI R F. Bond-slip in reinforced concrete elements[J]. Journal of Structural Engineering, 2005, 131(11): 1690-1698.

[19] 赵鸿铁, 潘泰华, 姜维山. 型钢混凝土构件的强度计算[J]. 建筑结构学报, 1991, 12(5): 12-24.

[20] 周起敬, 姜维山, 潘泰华. 钢与混凝土组合结构设计施工手册[M]. 北京: 中国建筑工业出版社, 1991.

[21] 王连广, 李立新, 李敬先. 钢骨轻骨料混凝土简支梁变形性能试验研究[J]. 沈阳建筑工程学院学报, 2000, 16(3): 179-181.

[22] 吕西林, 金国芳, 吴晓涵. 钢筋混凝土结构非线性有限元理论与应用[M]. 上海: 同济大学出版社, 1997.

[23] AYOUB A. Nonlinear analysis of reinforced concrete beam-columns with bond-slip[J]. Journal of Engineering Mechanics, 2006, 132(11): 1177-1185.

[24] FERCUSON P M. ACI Committee408:Bond stress-the state of the art[J]. Journal of the ACI, 1996(11): 1161-1188.

[25] BROWN C B. Bond failure between steel and concrete[J]. Journal of Franklin Institution, 1966, 282(5): 271-290.

[26] 徐有邻. 各类钢筋粘结锚固性能的分析比较[J]. 福州大学学报, 1996, 24(s): 69-75.

[27] LUTZ L A, GERGELY P. Mechanics of bond and slip of deformed bars in concrete[J]. Journal of ACI, 1967, 64(11): 711-721.

[28] LUTZ L A. Analysis of stresses in concrete near a reinforcing bar due to bond and transverse cracking[J]. Journal of ACI, 1967, 64(11): 711-721.

[29] MIRZA S M, HOUDE J. Study of bond-stress-slip relationship in reinforced concrete[J]. Journal of ACI, 1979, 76(1): 19-46.

[30] NILSON H. Internal measurement of bond-slip[J]. Journal of ACI, 1972, 69(7): 439-441.

[31] HARAJLI, HAMAD M H, BILALS, et al. Effect of confinement of bond strength between steel bars and concrete[J]. ACI Structural Journal, 2004, 101(5): 595-603.

[32] CHEN H J, HUANG C H, KAO Z Y. Experimental investigation on steel-concrete bond in lightweight and normal weight concrete[J]. Structural Engineering and Mechanics, 2004, 17(2): 141-152.

[33] MANFRD K, GERHARD M. Finite element models for bond problems[J]. Journal of Structural Enginccring, ASCE, 1987, 113(10): 2160-2173.

[34] 董宇光, 吕西林, 杨小川. 钢骨与混凝土之间粘结-滑移性能研究进展[J]. 结构工程师, 2005, 21(3): 82-87.

[35] 汤广来. 钢筋与混凝土粘结应力计算模式的研究[J]. 合肥工业大学学报, 1999, 22(5): 103-107.

[36] 中华人民共和国国家发展和改革委员会. 钢骨混凝土结构设计规程: YB 9082—97 [S].北京: 冶金工业出版社,1998.

[37] WENDEL M, SEBASTIAN R, E MCCONNEL. Nonlinear FE analysis of steel-concrete composite structures[J]. Journal of Structural Engineering, 2000, 126(6): 662-674.

[38] WIUM J A, LEBET J P. Simplified calculation method for force transfer in composite columns[J]. Journal of Structural Engineering, 1994, 120(6): 728-746.

[39] WENG C C, YEN S I, CHEN C C. Shear strength of concrete-encased composite structural members[J]. Journal of Structural Engineering, 2001, 127(10): 1190-1197.

[40] FAELLA C, MARTINELLI E, NIGRO E. Shear connection nonlinearity and deflections of steel-concrete composite beams: A simplified method[J]. Journal of Structural Engineering, 2003, 129(1): 12-20.

[41] SALARI M R, SPACONE E, SHING P B. Nonlinear analysis of composite beams with deformable shear connectors[J]. Journal of Structural Engineering, 1998, 124(10): 1148-1158.

[42] BARTOS P. Bond in concrete[M]. London: Applied Science Publisher, 1982.

[43] 日本建筑学会.钢骨钢筋混凝土结构计算标准及解说[M]. 冯乃谦, 叶列平, 译. 北京: 能源出版社, 1998.

[44] 李红, 姜维山. 型钢与混凝土粘结本构关系的试验研究[J]. 西北建筑工程学院学报, 1995(3): 16-22.

[45] 李红. 型钢与混凝土粘结性能的试验研究[D]. 西安: 西安建筑科技大学, 1995.

[46] JAMES O, BRYSON R G, MATHEY. Surface condition effect on bond strength of steel beams in concrete[J]. Journal of ACI, 1962, 59(3): 397-406.

[47] ROEDER C W. Bond stress of embedded steel shapes in concrete[C]. Composite and Mixed Construction. New York: ASCE, 1985, 227-240.

[48] 郑山锁, 邓国专, 杨勇. 型钢混凝土结构粘结滑移性能的试验研究[J]. 工程力学, 2003, 20(5): 63-69.

[49] 郑山锁, 杨勇, 薛建阳. 型钢混凝土粘结滑移性能研究[J]. 土木工程学报, 2002, 35(4): 47-51.

[50] FURLONG R. Building and bonding to composite columns[C]. Composite and Mixed Construction. New York: ASCE, 1984: 330-336.

[51] HAWKINS N M. Strength of concrete encased steel beams[J]. Civil Engineering Transaction of the Institution of Australia Engineer, 1973, 15(1): 39-45.

[52] 刘丽华. 型钢混凝土粘结滑移机理及本构关系研究[D]. 西安: 西安建筑科技大学, 2005.

[53] 孙国良, 王英杰. 劲性混凝土柱端部轴力传递性能的试验研究与计算[J]. 建筑结构学报, 1989(6): 40-49.

[54] HUNAITI Y M. Bond strength in battened composite columns[J]. Journal of Structural Engineering, 1991, 117(3): 699-714.

[55] ROEDER C W, LEHMAN D E.Composite action in concrete filled steel tubes[C]. Proceedings of 8th Pacific Structural Steel Conference-Steel Structures in Natural Hazards, 2007: 17-29.

[56] XU C, HUANG C K, JIANG D C,et al. Push-out test of pre-stressing concrete filled circular steel tube columns by means of expansive cement[J]. Construction and Building Materials, 2009, 23(1): 491-497.

[57] 姜绍飞, 韩林海. 钢管混凝土中钢与混凝土粘结问题初探[J]. 哈尔滨建筑大学学报, 2000, 33(2): 24-28.

[58] ROEDER C W, CHMIELOWSKI R, BROWN C B. Shear connector requirements for embedded steel sections[J]. Journal of Structural Engineering, ASCE, 1999, 125(2): 142-151.

[59] 肖季秋. 劲性钢筋混凝土粘结性能的试验研究[J]. 四川建筑科学研究, 1992(4): 2-6.

[60] 金伟良, 赵羽习. 随不同位置变化的钢筋与混凝土的粘结本构关系[J]. 浙江大学学报, 2002, 36(1): 1-6.

[61] 刘灿, 何益斌. 劲性混凝土粘结性能的试验研究[J]. 湖南大学学报, 2002, 29(3): 168-173.

[62] 杨勇, 赵鸿铁, 薛建阳. 型钢混凝土基准粘结滑移本构关系试验研究[J]. 西安建筑科技大学学报, 2005, 37(4): 445-467.

[63] 杨勇, 薛建阳, 赵鸿铁. 考虑粘结滑移的型钢混凝土结构 ANSYS 模拟方法研究[J]. 西安建筑科技大学学报, 2006, 38(3): 302-310.

[64] 朱伯芳. 有限单元法原理与应用[M]. 北京: 中国水利水电出版社, 1998.

[65] 王传志, 腾智明. 钢筋混凝土结构理论[M]. 北京: 中国建筑工业出版社, 1985.

[66] 沈聚敏, 王传志, 江见鲸. 钢筋混凝土有限元与板壳极限分析[M]. 北京: 清华大学出版社, 1993.

[67] PARK R, PAULAY T. Reinforced concrete structures[M]. New York: A Wiley Intersceince Publication, 1975.

[68] 宋启根, 朱万福. 钢筋混凝土力学[M]. 南京: 南京工学院出版社, 1986.

[69] 过镇海. 钢筋混凝土原理[M]. 北京: 清华大学出版社, 1999.

[70] ALLWOOD R J, BAJARWAN, ABDULLAH A. Modeling nonlinear bond-slip behavior for finite element analyses of reinforced concrete structures[J]. ACI Structural Journal, 1996, 93(5): 538-544.

[71] KWAK, GYOUNG H, KIM, et al. Bond-slip behavior under monotonic uniaxial loads[J]. Engineering Structures, 2001, 23(3): 298-309.

[72] TAMMO K, LUNDGREN K, THELANDERSSON S. Nonlinear analysis of crack widths in reinforced concrete[J]. Magazine of Concrete Research, 2009, 61(1): 23-34.

[73] IZZUDDIN B A, KARAYANNIS C G, ELNASHAI A S. Advanced nonlinear formulation for reinforced concrete beam-columns[J]. Journal of Structural Engineering New York, 1994, 120(10): 2913-2934.

[74] BATHE K J, RAMASWAMY S. On three-dimensional analysis of concrete structures[J]. Nuclear Engineering and Design,1974, 28: 42-75.

[75] 郑山锁. 型钢混凝土结构粘结滑移性能试验研究与基本理论分析[D]. 西安: 西安建筑科技大学, 2004.

[76] 杨勇. 型钢混凝土粘结滑移基本理论及应用研究[D]. 西安: 西安建筑科技大学, 2003.

[77] 林新志. 考虑粘结滑移的组合式单元模型研究与应用[D]. 南京:河海大学, 2005.

[78] 张仲先, 陆双武. 型钢混凝土粘结性能试验研究[J]. 特种结构, 2001, 18(2): 33-37.

[79] 李辉. 劲性钢骨高强混凝土结构粘结性能和梁柱中节点抗剪性能的试验研究[D]. 上海: 同济大学, 1998.

[80] 赵鸿铁. 钢与混凝土组合结构[M]. 北京: 科学出版社, 2001.

[81] 邵永健. 型钢混凝土结构粘结滑移性能的研究[J]. 混凝土与水泥制品, 2003(4): 23-25.

[82] 邵永健, 刘强, 陈忠汉. 不对称钢骨混凝土梁正截面承载力的试验研究[J]. 建筑结构, 2001, 31(12): 47-49.

[83] 范进, 沈银良, 张斌. 型钢混凝土受弯构件粘结滑移性能的试验研究[J]. 建筑科学,

2007, 23(1): 22-26.

[84] HUNAITI Y M. Composite action of foamed and lightweight aggregate concrete[J]. Journal of Materials in Civil Engineering, 1996, 8(8): 111-113.

[85] HUNAITI Y M. Strength of composite sections with foamed and lightweight aggregate concrete[J]. Journal of Materials in Civil Engineering, 1997, 9(3): 58-61.

[86] EDWARDS A D, YANNOPOULOS P J. Local bond-stresses to slip relationships for hot rolled deformed bars and mild steel plain bars[J]. J.ACI, 1979, 76(1): 405-420.

[87] 杜锋, 肖建庄, 高向玲. 钢筋与混凝土间粘结试验方法研究[J]. 结构工程师, 2006, 22(2): 93-97.

[88] HARAJLI M H. Numerical bond analysis using experimentally derived local bond laws: A powerful method for evaluating the bond strength of steel bars[J]. Journal of Structural Engineering, 2007, 133(3): 695-705.

[89] ABRISSHAML H H, MITCHELL D. Analysis of bond stress distributions in pullout specimens[J]. Journal of Structural Engineering, 1996, 122(3): 255-261.

[90] KANKAM C K. Relationship of bond stress, steel stress, and slip in reinforced concrete[J]. Journal of Structural Engineering, 1997, 123(1): 79-85.

[91] HUNAITI Y M. Aging effect of bond strength in composite sections[J]. J. Mat. in civ. Engrg., 1994, 6(4): 469-473.

[92] BAMONTE P F, GAMBAROVA P G. High-bond bars in NSC and HPC: Study on size effect and on the local bond stress-slip law[J]. Journal of Structural Engineering, 2007, 133(2): 225-234.

[93] HARAJLI M, HAMAD B, KARAM K. Bond-slip response of reinforcing bars embedded in plain and fiber concrete[J]. Journal of Materials in Civil Engineering, 2002, 14(6): 503-511.

[94] BYUNG H O, SE H K. Realistic models for local bond stress-slip of reinforced concrete under repeated loading[J]. Journal of Structural Engineering, 2007, 133(2): 216-224.

[95] LUCCIONI B M, LOPEZ D E, DANESI R. Bond-slip in reinforced concrete elements[J]. Journal of Structural Engineering, 2005, 131(11): 1690-1698.

[96] JEPPSSON J, THELANDERSSON S. Behavior of reinforced concrete beams with loss of bond at longitudinal reinforcement[J]. Journal of Structural Engineering, 2003, 129(10): 1376-1383.

[97] DENNIS L, EHAB E L. Behavior of headed stud shear connectors in composite beam[J]. Journal of Structural Engineering, 2005, 131(1): 96-107.

[98] 邵永健, 朱聘儒. 轻骨料混凝土应力-应变曲线的研究[J]. 混凝土与水泥制品,

2005(1): 19-21.

[99] 王振宇, 丁建彤, 郭玉顺. 结构轻骨料混凝土的应力-应变全曲线[J]. 混凝土, 2005(3): 39-41.

[100] 金焕. 钢骨轻骨料混凝土梁斜截面抗剪承载力的理论计算方程[J]. 工程建设与设计, 2006(4): 36-38.

[101] 张俊杰. 型钢轻骨料混凝土梁斜截面承载力的试验研究[J]. 混凝土, 2005(2): 39-42.

[102] 王连广. 钢骨轻骨料混凝土梁抗剪性能试验研究[J]. 工业建筑, 2005, 35(1): 65-67.

[103] 张俊杰. 劲性钢筋轻骨料混凝土梁斜截面承载力试验研究[D]. 辽宁: 辽宁工程技术大学, 2001.

[104] 刘书贤. 钢骨轻骨料混凝土压弯构件正截面承载力计算[J]. 工程建设与设计, 2004(11): 30-32.

[105] 张振坤. 劲性钢筋轻骨料混凝土压弯构件正截面承载力及延性的试验研究[D]. 天津: 天津大学, 1994.

[106] 田将. 劲性钢筋轻骨料混凝土受弯构件抗弯刚度的试验研究[D]. 天津: 天津大学, 2006.

[107] 田将. 劲性钢筋轻骨料混凝土梁抗弯刚度计算[J]. 山西建筑, 2007, 33(5): 5-6.

[108] 邵永健. 劲性轻骨料混凝土梁正截面承载力的计算方法[J]. 建筑结构, 2005, 35(9): 45-46.

[109] 徐有邻, 王晓峰, 刘刚. 混凝土结构理论发展及规范修订的建议[J]. 建筑结构学报, 2007, 28(1): 1-6.

[110] JAE Y, HARMON T G. Analytical model for confined lightweight aggregate concrete[J]. J. ACI, 2006, 103(2): 263-270.

[111] MENZEL C A. Some factors influencing results of pull-out bond tests[J]. J.ACI, 1986, 83(6): 517-542.

[112] 王金晶, 刘志奇, 李彦军. 新型轻骨料混凝土特性及发展[J]. 混凝土, 2006(12): 65-66.

[113] LAHERT B J, HOUDE J, GERSTLE K H. Direct measurement of slip between steel and concrete[J]. ACI Journal, 1986, 83 (6): 974-982.

[114] SOROUSHIAN P, CHOI K B. Local bond of deformed bars with different diameters in confined concrete[J]. J. ACI, 1989, 86(2): 217-222.

[115] WANG P T, SHAH S P, NAAMAN A E. Stress-strain curves of normal and lightweight concrete in compression[J]. J. ACI, 1978, 75(11): 603-611.

[116] 张誉, 李向民, 李辉. 钢骨高强混凝土结构的粘结性能研究[J]. 建筑结构, 1999, 29(7): 3-5.

[117] 邵永健, 毛小勇. 劲性轻骨料混凝土梁正截面承载力的计算方法[J]. 建筑结构, 2005, 35(9): 45-46.

[118] 许佳修, 蔡华, 邵永健. 高强轻骨料混凝土梁的试验研究[J]. 建筑结构, 2006, 36(11): 97-99.

[119] 王连广, 李立新. 国外型钢混凝土结构设计规范基础介绍[J]. 建筑结构, 2001, 31(2): 23-25.

[120] 杨勇, 薛建阳, 赵鸿铁. 型钢混凝土结构粘结强度分析[J]. 建筑结构, 2001, 31(7): 31-33.

[121] 赵根田, 李永和. 型钢与混凝土的极限粘结强度[J]. 建筑结构, 2007, 37(1): 68-79.

[122] 杨勇, 郭子雄, 薛建阳. 型钢混凝土粘结滑移性能试验研究[J]. 建筑结构学报, 2005, 26(4): 1-9.

[123] 王依群, 王福智. 钢筋与混凝土间的黏结滑移在 ANSYS 中的模拟[J]. 天津大学学报, 2006, 39(2): 209-213.

[124] ROBERT C L, BANTA T. Bearing strength of lightweight concrete[J]. J. ACI, 2006, 103(11): 459-466.

[125] NGO D, SCORDELIS A C. Finite element analysis of reinforced concrete beams[J]. J. ACI, 1967, 64(1): 152-163.

[126] 李继业, 刘福胜. 新型混凝土实用技术手册[M]. 北京: 化学工业出版社, 2005.

[127] 宋玉普. 多种混凝土材料的本构关系和破坏准则[M]. 北京: 中国水利水电出版社, 2002.

[128] 刘数华, 冷发光. 建筑材料试验研究的数学方法[M]. 北京: 中国建材工业出版社, 2006.

[129] 邱忠良, 蔡飞. 建筑材料[M]. 北京: 高等教育出版社, 2002.

[130] 王振宇, 丁建彤, 郭玉顺. 结构轻骨料混凝土的应力-应变全曲线[J]. 混凝土, 2005, 185(3): 39-41.

[131] 过镇海. 混凝土的强度和本构关系[M]. 北京: 中国建筑工业出版社, 2004.

[132] Eurocode2. Design of Concrete Structure-part I: General rules and rules buildings: ENV 1992-1-1[S]. Brussels, Belgium: European Committee for Standardization, 2004.

[133] KIM Y J. Behavior of aerated lightweight aggregate concrete including the effect of confinement[D]. Seattle: Washington University, 2004.

[134] SLATE, FLOYD O, NILSON, et al. Mechanical properties of high-strength lightweight concrete[J]. Journal of the American Concrete Institute, 1986, 83(4): 606-613.

[135] MITCHELL D W. Bond characteristics of high strength lightweight concrete[D]. St. John's: University of Newfoundland, 2002.

[136] 陆春阳, 王卫玉. 陶粒混凝土与变形钢筋粘结锚固性能的试验研究[J]. 广西大学学报, 2007, 32(1): 6-9.

[137] 肖建庄, 李丕胜, 秦薇. 再生混凝土与钢筋间粘结滑移性能[J]. 同济大学学报, 2006, 34(1): 13-16.

[138] SOMAYAJI S, SHAH S P. Bond stress versus slip relationship and cracking response of tension members [J]. Journal of the American Concrete Institute, 1981, 78(3): 217-224.

[139] MIRZA S M, HOUDE J. Study of bond stress-slip relationships in reinforced concrete[J]. Journal of the American Concrete Institute, 1979, 76(1): 19-46.

[140] 张伟平, 张誉. 绣胀开裂后钢筋混凝土粘结滑移本构关系研究[J]. 土木工程学报, 2001, 34(5): 40-44.

[141] 王彦宏, 赵鸿铁. 型钢混凝土粘结强度的研究[J]. 西安建筑科技大学学报, 2004, 36(1): 16-20.

[142] XUE J Y, ZHAO H T, YANG Y. Analysis on the behaviors of bond-slip between the shape and the concrete by push-out test[J]. Xi'an Univ. of Arch. & Tech. (Natural Science Edition), 2007, 39(3): 320-332.

[143] 伍文波, 陈海燕, 王真龙. 型钢混凝土粘结滑移本构关系的分析研究[J]. 四川建筑, 2005, 25(2): 64-65.

[144] 杨勇, 赵鸿铁. 型钢混凝土粘结-滑移本构关系理论分析[J]. 工业建筑, 2002, 32(6): 60-63.

[145] XUE J Y, YANG Y, ZHAO H T. Experimental study on bond strengths of steel reinforced concrete structure[J]. Xi'an Univ. of Arch. & Tech. (Natural Science Edition), 2005, 37(2): 149-154.

[146] 牟晓光, 王清湘. 钢筋与混凝土粘结试验及有限元模拟[J]. 计算力学学报, 2007, 24(3): 379-384.

[147] 郑晓燕, 吴胜兴. 钢筋混凝土粘结滑移本构关系建立方法的研究[J]. 四川建筑科学研究, 2006, 32(1): 18-21.

[148] 郑山锁, 李磊, 邓国专. 型钢高强高性能混凝土梁粘结滑移行为研究[J]. 工程力学, 2009, 26(1): 104-111.

[149] 汪基伟, 张雄文. 考虑粘结滑移的平面组合式单元模型研究与应用[J]. 工程力学, 2008, 25(1): 97-108.

[150] 汪明栋, 王铁成, 于庆荣. 钢骨轻骨料混凝土受弯构件裂缝宽度试验研究[J]. 建筑结构, 2007, 37(12): 62-63.

[151] 郑山锁, 邓国专, 田微. 型钢与混凝土之间粘结强度的力学分析[J]. 工程力学, 2007, 24(1): 96-100.

[152] TASSIOS T P, YANNOPULOS P J. Analytical studies on reinforced concrete members

under cyclic loading based on bond stress-slip relationship[J]. Journal of the American Concrete Institute, 1981, 78(3): 206-216.

[153] 赵鸿铁. 型钢混凝土构件的强度计算[J]. 建筑结构学报, 1991, 12(5): 12-24.

[154] 金芷生, 朱万福, 庞同和. 钢筋与混凝土粘结性能试验研究[J]. 南京工学院学报, 1985(2): 73-85.

[155] EDWARDS A, PICARD A. Theory of cracking in concrete member[J]. Journal of Structural Division, ASCE, 1972(98): 2678-2700.

[156] 张建文, 司马玉州, 张仲先. 不同钢骨含钢率的钢骨混凝土梁抗弯性能试验研究[J]. 建筑结构, 2005, 35(8): 79-81.

[157] 张建文, 司马玉州. 钢骨混凝土梁正截面抗弯承载力计算的实用叠加法[J]. 特种结构, 2004, 21(4): 24-25.

[158] 王朝霞. 型钢混凝土梁裂缝和变形的研究[D]. 西安: 西安建筑科技大学, 2006.

[159] 沈银良. 型钢混凝土梁受力性能试验研究[D]. 南京: 南京理工大学, 2005.

[160] 张建文. 型钢混凝土梁抗弯性能试验研究[D]. 武汉: 华中科技大学, 2002.

[161] 郑宇. 钢骨混凝土梁力学性能的基础试验研究[D]. 广州: 华南理工大学, 2002.

[162] SHUNLCHI N, NARITA, NAOYA. Bending and shear strengths of partially encased composite I-girders[J]. Journal of Constructional Steel Research, 2003, 59(12): 1435-1453.

[163] ACI. Building code requirements for reinforced concrete: ACI 318-19[S]. Farmington Hills, Michigan: ACI Committee Institute, 2019.

[164] HOLMES W T. NEHRP recommended provisions for seismic regulations for new buildings and others structures[J]. Earthquake Spectra, 2000, 16(1): 101-114.

[165] 赵国藩, 王清湘, 宋玉普. 高等钢筋混凝土结构学[M]. 北京: 机械工业出版社, 2005.

[166] ZHANG F, YAMADA M. Composite columns subjected to bending and shear[C]. Composite Construction in Steel and Concrete II. New York: ASCE, 1992: 483-498.

名 词 索 引